人性思维

李元秀◎编著

中国传媒大学出版社

·北京·

图书在版编目（CIP）数据

人性思维 / 李元秀编著. -- 北京 : 中国传媒大学出版社, 2024.4
ISBN 978-7-5657-3559-2

Ⅰ.①人… Ⅱ.①李… Ⅲ.①思维方法—研究 Ⅳ.①B80

中国国家版本馆CIP数据核字（2024）第020238号

人性思维
RENXING SIWEI

编　　著	李元秀
特约编辑	孙守正　田一鸣
责任编辑	温晓芳
封面设计	彭明军
责任印制	李志鹏
出版发行	中国传媒大學 出版社
社　　址	北京市朝阳区定福庄东街1号　邮　编　100024
电　　话	86-10-65450528　65450532　传　真　65779405
网　　址	http://cucp.cue.edu.cn
经　　销	全国新华书店
印　　刷	三河市宏顺兴印刷有限公司
开　　本	710mm×1000mm　1/16
印　　张	15
字　　数	180千字
版　　次	2024年4月第1版
印　　次	2024年4月第1次印刷
书　　号	ISBN 978-7-5657-3559-2/G·3559　定　价　59.80元

本社法律顾问：北京嘉润律师事务所　郭建平

前　言

思考，能让个体拥有透过现象看到本质的能力，能让个体更加明辨是非好坏，也能让其更好地完善自我。思考，能打开你的思维，能让你了解这个世界的规律，能让你看透人性、理解人心。

人性思维是人类在面对问题和挑战时的思考方式和行为模式，而人生智慧则是对人性思维的深刻理解和应用。本书将探讨人性思维和人生智慧的本质，并分享一些名人名言，帮助我们更好地理解和应用这些概念。

人性思维是我们对自身、他人和世界的认知和反应方式，它包括我们的价值观、信念、态度和行为模式。人性思维是一个复杂而多样的领域，每个人都有独特的思维方式和行为模式。人性思维也受到文化、教育和环境等因素的影响。通过深入理解自己的思维方式，我们可以更好地认识自己，发现自己的优点和缺点，并努力改进自己。正确的思维方式是成功的关键，而三个思维方式（系统思维、创新思维、终身学习思维）则是正确思维的核心。

人生智慧是对人性思维的深刻理解和应用。它包括对人类智慧的思考和应用，以及对生活的智慧决策和行动。人生智慧涉及我们对自己和他人的理解，对困境和挑战的应对，以及对幸福和意义的追求。通过培养人生智慧，我们可以更好地应对生活中的挑战，实现个人成长和幸福。在人性思维和人生智慧的指引下，我们可以更好地认识自己，理解他人，应对生活中的挑战，实现个人成长和幸福。通过发掘内心的力量，我们可以超越自己的局限，追求更高层次的人生意义和价值。让我们一起努力，发掘和培养内心的力量，创造一个更加充实和有意义的人生。

人生苦短。很多人的生活充满了痛苦与无助，他们不断地努力奋斗却没有得到应有的回报；他们被亲朋好友抛弃，孤独无助；他们被现实压抑，无法呼吸。这些人是否能够从现状中走出来，享受幸福呢？我认为，拥有正确的人性观、正确科学的思维方式和高水平的认知是让人们走出痛苦的关键。面对痛苦和挑战，我们必须转变思维方式，站在更高的层面看待问题，并且不断学习。只有这样，我们才能找到适合自己的生活方式，过上真正幸福的生活。

编者

目 录

第一章 在思维中去洞察人性 / 1

思维固化是人类思维的枷锁 / 2

迷信经验,终为所累 / 5

当你思维改变,命运就开始翻新 / 8

改变一下规则和思维,你敢不敢 / 11

换一种思维,有些事可以简单解决 / 14

思维最好比时代更先进 / 17

先从改变自己开始 / 19

思维与方法错了,越坚持走得越慢 / 22

避开钉子,换一种思维方式 / 24

第二章 破解人性10种思维密码 / 29

逆向思维:反其道而行之,问题或许迎刃而解 / 30

发散思维:多元化思考,另辟蹊径寻求答案 / 32

侧向思维:思想活泼,从多个角度看待问题 / 35

超前思维:把握先机,科学推测未知的事实 / 37

收敛思维:聚焦思路,在迷乱中探究真实答案 / 39

组合思维:发挥想象力,将不相干的事物联系起来 / 41

系统思维:综合要素,从整体上把握全局 / 43

求易思维:简化指令,将复杂的事情简单化 / 45

迂回思维:两点之间,未必直线最短 / 47

精细思维：关注细节，小举动能赢得大成就 / 51

第三章　用强大的思维为自己奠定认知 / 57

逆转思维越强，成功率就越高 / 58

上山的是好汉，下山的也是英雄 / 62

不做无谓的坚持，要学会转弯 / 64

肯定自己的价值 / 68

知道自己是谁 / 72

勇敢地承认自己很重要 / 76

了解自己的长处 / 80

不要苛求自己 / 82

做快乐的自己 / 84

第四章　用平衡心态的思维去调整自我 / 87

有客观的认知思维才能正确认识自己 / 88

你要辩证地看待失败 / 91

学会正视你的弱点 / 94

自信是你最好的"简历" / 96

成功的人生在于永不言败 / 99

将正面的情绪调动起来，你不比谁差 / 102

放不下，你就不会获得轻松和远方 / 105

尽人事，听天命 / 108

以出世的态度做人，以入世的态度做事 / 110

第五章　拥有宽容平常思维会让你与众不同 / 113

以平常心对待世事浮沉 / 114

以慈悲之心对待生活中的不公平 / 117

以自己定义的方式享受人生 / 123

厘清人生不同阶段的需求 / 126

懂得选择与放弃 / 130

豁达平静、上善若水的人生佳境 / 133

多交朋友，少结冤家 / 136

宽容他人，得理饶人最聪明 / 141

行善事，得善果 / 145

第六章 创造一个拥有独立人格的思维世界 / 147

换位思维的艺术 / 148

为对方着想，替自己打算 / 152

己所不欲，勿施于人 / 157

放大镜看人优点，显微镜看人缺点 / 161

苛求他人，等于孤立自己 / 164

对自己要求高些 / 166

做最踏实的自己 / 169

做最好的自己 / 171

相信自己 / 174

第七章 人性思维的天使：控制自己的情绪 / 177

打开心结，正确认识自己 / 178

适当收起你的敏感 / 182

现代人的"焦虑之源" / 186

别透支明天的烦恼 / 188

学会让自己放轻松 / 190

换一个环境激发情绪 / 194

给情绪注满鲜活的泉水 / 196

疲惫时，和工作暂时告别 / 198

第八章 自我修炼是人性思维的最高境界 / 203

善于化解心中之结 / 204

拯救自己的伟大典范 / 207

时间可以改变一切 / 212

不断激励自己 / 214

小缺点也可以毁掉自己 / 217

动怒就是惩罚自己 / 221

宽容别人的恶意批评 / 224

生活中不要与人斗气 / 227

对生活不要太敏感 / 230

第一章 在思维中去洞察人性

人是这世界上最复杂的动物，同一个人的思维，
会随着时间、地点、对象和情境不断地变化；
但同时，人也是简单的，因为无论经过多少年，
人性中那些共通的东西几乎从未改变过。
这些共通的东西，就是人类社会进化和发展中被反复验证，
慢慢沉淀下来的真理和智慧，
它们就像一盏盏明灯，照亮无数的人生道路。

思维固化是人类思维的枷锁

每个人都有自己的习惯，比如有人习惯上班前喝一杯咖啡，有人习惯将钥匙放在某个固定的位置，等等。在生活中我们会慢慢地养成某种习惯，之后的日子里，绝大部分行为会以这种习惯为导向。

行为是如此，思维更是如此。每个人都有固定的思维习惯，并且不同程度地被自己的惯性思维左右。这种惯性思维或许可以帮助我们解决很多问题，可更多时候却在我们的头脑中树立一堵无形的墙，不仅抹杀了我们的创新能力，更扼杀了我们的潜能。

可以说，惯性思维是思维的固化，是头脑的僵化，只能把自己逼入死胡同。惯性思维会让我们踌躇不前，又或者直接走向失败。

在某大学的一堂思维逻辑课上，主讲教授给学生们出了一道题：19世纪末，美国加州发现了金矿，全国数以万计的淘金者来到这里，可是一条大河却挡住了他们的去路。如果你是其中的一员，你会怎样做？

学生们踊跃发言，想出了很多办法来渡河，有的说租来大船，有的说搭建桥梁，有的甚至说游过去。看着学生们五花八门的答案，教授笑而不语。最后，他严肃认真地说："为什么非要去淘金？如果你找一条船接送那些想过河的淘金者，是不是有巨大的收获？这样也是另外一种方式的淘金吧！"

是啊！所有学生想的都是如何渡河，如何到对岸淘金，却恰恰忽略了摆在自己面前的"金矿"。因为他们的思维陷入了惯性的囹圄，他们扼杀了自己的创新思维，将自己逼入了死角。教授的提议恰好突破了人们的固有思维，从另一个角度看问题——那些梦想着发财的淘金者们想尽办法渡河，即便通往金矿的船票再贵，他们也会毫不犹豫地买票上船——这难道不是最好的商机、最大的金矿吗？

所以说，思维固化是非常可怕的。或许在环境不变的情况下，它可以帮助我们轻松地解决问题。可是如果环境发生变化，或是眼前的道路行不通时，我们若还是用原本的方式思考问题，用原本的行为方式处事，那么就会给自己带来巨大的麻烦。

这也就是为什么很多人之前能取得好的成绩，之后却越来越力不从心；很多企业之前能赢得消费者的喜欢，之后却越来越不行，甚至陷入经营困境。只是因为他们习惯了一种环境，习惯了一种思维方式，将自己的所有习惯当成"公式"一样套用到现有的环境当中。

若想要创造出更为突出的成绩，人们就必须突破自己、突破原有的思维习惯和行事方式。尝试着改变，尝试着创新，才能让思维活跃起来。

现在请思考一个问题：裙子破了，应该怎么办？按照人们的固有思维，那肯定是修补起来啊！可是，很多年前的一个人却突破了固有的思维逻辑，对破洞进行了修饰、装饰，反而打造出一种新的时尚。

这个人是某家时装店的经理，有一次，他不小心将一条价格昂贵的高档呢裙烫了一个小洞，如果就这样把裙子丢掉，那么他就必须赔偿高额的赔款；如果用织补法补救，也可以销售出去，但是价格却一落千丈。

这位经理灵机一动，想：为什么不好好地利用这个破洞呢？于是他大胆地进行了尝试——在这个小洞的周围再制造出许多不规则的小洞，并且装饰上精美的配饰、丝带、流苏。结果，漂亮的流苏、褶皱的裙摆，让这条裙子更加漂亮、富有个性。

于是，这家时装店开始制造和销售这种独特的裙子，并且取了好听的名字——"凤尾裙"。一下子，"凤尾裙"受到了年轻女孩的追捧，这个时装商店也由此声名大噪。

看到了吧！突破固有思维，让自己的思维活起来，便会获得意想不到的效果。人们最活跃的是思维，最容易被限制住的也是思维。任何时候，只有突破自己的思维限制,打开思路,出路才能越来越广阔。

现实生活中那些成功者从来不会一成不变,不会被问题困住,他们总是可以想出各种办法让自己跳出去,找到更好的出路。所以,让自己的思维活跃些,改变自己,改变思路,才能谋求更大的发展,打开成功和财富的大门。

迷信经验，终为所累

生活中我们大多会习惯按自己的经验做事，或是借鉴成功人士的经验。因为在我们的意识中，经验都是经过人们反复验证的并且是正确的，既然如此，为什么不直接借鉴它呢？没错，经验有时确实是有用的，可以给我们有价值的指导，可以让我们少走弯路，可以增加我们的成功率。

但是，盲目地迷信经验，一味凭借经验办事，那只能害了自己。培根曾说过："人们常常被自己的经验绊倒。"一味迷信经验，会让我们失去思考能力和判断能力，会禁锢我们的思维，从而让我们陷入思维死角。

我们不妨看看这个故事：

在辽阔的海洋上，一艘轮船不幸触礁沉没，落水的船员们拼命地游到了附近的一个孤岛上。很快，船员们陷入了缺水、缺食物的困境，可是孤岛上没有任何淡水资源。经验告诉船员们，海水又苦又咸，如果喝了的话就会加快死亡的速度。

就这样，船员们一个个因为缺水而死，可是当最后一名船员在绝望中品尝一口海水后，竟然发现海水是甜的！原来，这座孤岛地下有一个泉眼，泉水不断地涌出，遍布孤岛周围的水域。所以说，孤岛周围的水其实是可以饮用的泉水。

船员们一味依赖经验，失去了拯救自己生命的唯一机会。这就是一味迷信经验，不尝试、不思考的后果！

要知道，任何经验即便是最成功的经验，都是特定时代、特定环境下的产物，我们可以适当地借鉴，却不能将它看成"至理名言""唯一信条"，用它套用所有的事情。成为经验主义的信徒结果只有一个，那就是形成思维定式，让它禁锢住我们的行为和处事方式，从而让自己陷入困境。

这个世界是多变的，任何经验和理论都不可能成为"至理名言"。它或许在某个时间适用，可到了另一个时间就不适用；它可能让某个人获得成功，但到了你身上却毫无价值。就像诗人余光中所说，当你的爱人已经改名为杰西卡时，你还能赠予她一首《钗头凤》吗？生活总是充满了变化，如果我们习惯用固有的经验办事，那么只能被远远抛弃。

所以，我们需要借鉴某些经验，但必须拥有独立思考的能力，在行事前思考这个经验是否适合自己、是否适合当前的环境。同时我们需要超越旧的思维模式，摆脱以往的经验，给自己的大脑做一次彻底的清洗，如此才能有巨大的收获。

布利阿里是英国一位机械专家，他的主要工作是研究枪支的性能和构造，但是他并没有在枪支方面有多大的贡献，即使他一直专注于研究这方面。不过他有个伟大的发明，那就是——不锈钢餐具。这个发明与他研究的枪支没有任何关系，却让他获得了财富和名声。

一战前，英国热衷于殖民扩张。英军发现自己的枪支一旦使用时间过长，枪支的命中率就会变低，于是布利阿里决定分析和改造枪支的结构，设法找到解决掉这种质量问题的方法。布利阿里通过各种途径找到了各种各样的合金钢，以此来进行耐磨和耐热的试验，好代替枪支原来的材料。而由于收集的材料品种繁多，试验时间不够，导致试验场地上全都是各种各样的合金钢了。

没有研究出好的材料代替，布利阿里在各种合金钢里居然发现了一块锃光瓦亮的钢材。他将这块钢材做了详细的分析，发现它并不适合用在枪支上，想要将之放弃的时候，他突然觉得要是这么漂亮的材料都没有派上用场，未免太可惜了。当他抬头看见了试验场里狼藉的餐具时突发奇想，要是将这些漂亮的材料做成餐具，是不是非常有卖点呢？也不枉费这么漂亮的材料。而正是由于这么一下灵光乍现，布利阿里成了一位不锈钢餐具推销商。

随后几年，不锈钢餐具开始进入家庭。

当布利阿里由于不锈钢材料做成餐具而吸金的时候，不锈钢材料的发明者——德国人毛拉不禁感叹道："我当初把它扔到垃圾堆的时候，怎么没有想到将它变成餐具呢？这样的话现在受益的就是我。"

德国人毛拉率先发明了不锈钢，可是根据以往的经验，他觉得这种材料不适合制造任何器物，所以将它当成垃圾扔进了垃圾堆，也将获得财富的机会扔进了垃圾堆。而布利阿里却恰好相反，他发现不锈钢虽然不适合用在枪支上，却可以做成漂亮的餐具。他跳出了固有思维的束缚，从新的角度看到了商机，从而获得了巨大的收获。

事实上，生活中有很多毛拉这样的人，一味根据以往经验办事，不进行思考和探索；或是经常因为经验的积累而自以为是地想当然，凭借事物表面来判断一切。就是因为如此，他们失去了创新思维，也失去了成功的机会。

说白了，经验就是过去的一件事情或是一个结果，是特定时间和环境下的产物，在不同的时间不同的地点，会产生截然不同的结果。所以，与其迷信经验，不如转变思维，大胆尝试，如此才不会被经验困住，才能实现更大的突破。

当你思维改变，命运就开始翻新

在英国有一篇非常著名的墓志铭：

"我年少时，踌躇满志，梦想着改变世界；当我年长后，发现我无力改变世界，于是我决定改变国家；人到中年，我发现改变国家也是难事，于是退而求其次，想要改变我的家人；步入垂暮之年，我才发现，我连家庭都无法改变。这也让我意识到，我应该做的是首先改变自己，然后影响家人，若是我能影响家庭，那么或许有一天可以影响到整个国家，若是成功，那么改变世界也并非没有可能。"

没错，很多时候我们想要改变世界，可是由于种种原因，我们的理想根本不可能实现。这个时候应该怎么做呢？与其执着，不如转变思维，改变能改变的，比如自己，比如方向。当你改变之后，就会发现改变世界也是有可能的。

然而现实生活中很多人不懂得这个道理，他们想要改变自己的命运，想要成就一番事业，经历失败之后便陷入低迷，开始抱怨生活的不公，抱怨出身的不好，认为自己的不幸是环境造成的。可是抱怨有用吗？不，这根本不能改变什么，不能改变他所处的环境，更不能改变他的命运，反而让自己陷入无尽的深渊。

要知道，处理任何问题，都不能一成不变，如此人们就会陷入线性思维，无法从多个角度看待问题，无法灵活应变。不能改变环境和出身，那就改变自己，改变自己的思维，改变自己的行为方式，如此一来便会"柳暗花明又一村"。

《改变孩子先改变自己》一书中讲了这样一个故事：

从前在一个大森林中有三只蜥蜴，它们是非常好的朋友，只是它们并没有太多的时间去享受生活，发展友谊，因为它们的生存环境实在是太危险了，它们处于食物链的底端，在森林之中如果不能隐蔽自己，那么很容易被天敌发现。

为了能够生活得更安全一些，三只蜥蜴开始讨论对策。第一只蜥蜴说："咱们的颜色实在是太难和周围的树木融合在一起了，很容易被发现，所以我认为咱们应该对这一带的环境进行大改造，改造成适合咱们生存的环境。"

第二只蜥蜴不认同地说道："改变环境就凭咱们三个的力气，要干到何年何月啊？说不定还没改造完就被敌人吃掉了！与其如此，还不如放弃这里，重新寻找一片便于咱们隐藏的环境呢！"

第三只蜥蜴想了想，说道："改变环境实在是太难实现；找一片便于咱们隐藏的新环境也太难，因为季节更替，树木的颜色也会变，咱们想要让环境适应咱们，就要不停地迁徙，在迁徙的途中还可能遇到危险。咱们为什么不是改变自己，使得自己适应环境呢？"

可是第一只蜥蜴和第二只蜥蜴都觉得自己的办法最好，不肯妥协，最终三只蜥蜴分道扬镳了。第一只蜥蜴花了很长时间改变环境，却收效甚微；第二只蜥蜴就如第三只蜥蜴说的那样，刚找到一片和自己颜色相同的森林，没多久天气转冷，树木的颜色发生了改变，它不得不重新迁徙……只有第三只蜥蜴，它学着利用阴影和阳光改变自己的肤色，渐渐地，它有了会随着环境改变肤色的本领，它就是变色龙的祖先了。

这个故事告诉我们，一切都在于我们自己的态度。当你的思维改变时，你的命运就随之改变。其实，改变思维并不难，就像拧螺丝一样，正向拧不开的时候，试着反向拧，螺丝必定能拧开。遇到问题难以解决，或是碰壁的时候，不妨换一个角度思考问题，或是从反面角度思考，或是转一个弯，或是彻底退下来，或许问题就会迎刃而解。

仔细想想看，为什么失败者会让自己进入死胡同，而成功者却能达到成功的彼岸？就是因为成功者善于改变自己，不会纠结于改变世界，而是不断改变自己，让自己顺应这个世界。

在很久很久以前，是没有鞋子的，人们都光着脚在路上行走。国王有一次去远方旅行，第一次感受到了裸足的疼痛。因为皇宫里的道路非常平坦，但外面的路难免坑坑洼洼，走多了自然觉得脚疼。

回到王宫之后，有好几天国王都没有缓过来，他想，自己的脚这样疼痛，那么寻常百姓岂不是每天都要受到这种煎熬？于是国王开始想，究竟怎样做才能解决这个问题。想了好几天，国王终于有了答案——在所有的道路上铺设牛皮，如此一来道路就不那么坚硬，行走起来就舒服多了。于是国王马上下达诏令，命全国人民在道路上铺设牛皮。

可是随之而来的问题同样让国王头疼。国内有那么多道路，如果每条路都铺设牛皮的话，会耗费大量的人力物力，而且杀光全国的牛也不一定能够将所有的路都覆盖住。这时，一个聪明的大臣想了个办法，他对国王说："陛下，我们为什么要花费那么多不必要的金钱呢？铺设牛皮不过是为了保护我们的双脚，既然如此，我们何不用小块的牛皮包裹住自己的双脚，这样不就可以解决问题了吗？"

国王听后大加赞赏，于是所有人都开始用牛皮裹住双脚，从此以后，皮鞋便诞生了。

不一样的角度，就会产生不一样的结果，我们就可以看到不一样的世界。改变自己的思维之后，我们的视角自然也会发生改变，那个时候，世界自然也会发生改变。

所以，放下执着，放下固有思维，改变自己才能变被动为主动，通过努力获得属于自己的成功，从而掌握自己的人生。

改变一下规则和思维,你敢不敢

都说无规矩不成方圆,这似乎是一种真理。生活中我们需要遵守一些规则,比如春耕秋种,比如靠右行驶,比如顺水行船,等等。正是有了这些规则,社会才能井井有条,人们才能和谐友爱。

可是,规则是绝对的吗?所有的规则我们都必须遵守吗?并不是如此。很多规则必须尊重,比如法律法规、自然规律,但是有些规则就是用来打破的,比如因循守旧的常规、禁锢人们思想的规定。如果人们凡事都按照规矩来,那么就会用规矩画地为牢,成了胆小怕事的懦弱者。

若想成功,就要打破那些所谓的规则,敢于尝试、敢于行动,做与众不同的人。只有突破那些规则的限制,用创新思维去思考,走与别人不同的道路,才能有获得成功的可能。

我们都知道天才发明家爱迪生发明了电灯,不过爱迪生并非一开始就被人视作天才的。爱迪生小时候家境并不富裕,为了自谋生计,他不得不在12岁开始就进入社会工作了,因为年龄小,加上能力不够,他只能做一些服务员、报童的工作。

不过爱迪生并不认为他的人生应该"听天命",于是在工作之余他也没有放弃过自学。后来,他的生活稳定一些之后,就开始从事电学方面的研究和发明。最开始,他发明了一个选票记录仪,但是并没有被国会采用,之后他便在发明之前先考虑实用性。之后他发明了炭粒话筒,以便电话在接听的时候有较高的音质。

再后来，他成立了自己的实验室。他的实验室里有一批专门的人才，他负责分配任务，然后所有人共同努力。电灯和留声机就是在这个实验室中诞生的。

爱迪生善于打破规则并不仅仅在发明这件大事上。有一次，他让一个研究人员测算一个不规则形状灯泡的容积。这名研究人员是一名高才生，他在接到这项工作之后信誓旦旦地表示，如此简单的事情他很快就可以解决。可是两个小时之后，爱迪生还是没有得到答案，他只好前来询问。他来到这个研究人员的办公桌前，看到桌子上铺满了纸张，上面是各种各样的公式，而这个研究人员还在满头大汗地列公式计算。爱迪生摇了摇头，找来一杯水，将灯泡灌满，然后将水倒出来测算水的体积，不过几分钟的时间答案就出来了。

当我们被所谓的规则限制，我们的思维也会被限制，无法从别的角度思考问题。慢慢地，我们失去了思考的能力，失去了探索的本能，只能按照规矩来行事。想要有所突破，我们必须打破规则，让思维活跃起来，如此你的想法才能层出不穷。

上面那个故事中，研究人员用公式测算灯泡的容积，这本属于常规做法，但很显然，这条道路是行不通的，不能尽快实现目的，甚至不可能实现目的。这个时候，为什么不打破常规，从另一个角度思考问题？爱迪生打破了规则，放弃了这一愚蠢的办法，轻而易举地完成了难题。难道这还不值得我们反省吗？

只要我们仔细观察就会发现，虽然自然界有自己的规则，但并非全部的动植物都是按照规则来活的，总有打破常规的存在。花儿应该在春天开放，可梅花偏偏绽放在严寒之中，在风雪中绽放属于自己的美。正因为如此，梅花自古以来才被文人骚客赞颂，才被无数人欣赏。大自然制定的绝对规则尚且可以打破，那么我们人世间又有什么规则是绝对的呢？

诚然，打破规则可能会付出一定代价，可能面临失败的结果，但是我们也应该记住，凡是成功的人绝不会是不敢突破的"老实人"，而是敢于创新的"不守规矩者"。这个世界就像是一座金字塔，1%的人敢于打破规矩，那剩下的99%只是按部就班。所以，站在金字塔顶尖上的，永远都是那1%的勇敢者。

塞吉诺·扎曼就是属于前者。

20世纪末，可口可乐公司与百事可乐公司之间竞争非常激烈。为了突破瓶颈，可口可乐公司的塞吉诺·扎曼打算对产品进行革新，以获得竞争的优势。于是，他改变了固有的模式，宣传"新可口可乐"。只不过在这件事上他犯了一个错误，就是他为了让产品革新，将原来可口可乐当中的酸味去掉了，加强了甜味。他认为这是一种全新的产品，可大众早已经习惯了可口可乐的味道，所以他的革新不仅没能挽回局面，反倒给公司造成了巨大的损失。

新可口可乐成了灾难，不得已，原来的可口可乐只能重新回归。而塞吉诺·扎曼无法忍受周围人的口诛笔伐，只能选择离职。

但是他并没有就此消沉，而是在一年之后与另一个人合伙开了咨询公司。虽然新公司在一个地下室里，办公设备也仅有一台电脑、一部电话和一台传真机，但扎曼还是相信自己敢于突破常规是没有错的。很快，许多著名的企业开始与他合作，扎曼的咨询公司有了很多大客户。而他的信条始终如一，那就是打破常规，敢于冒险。虽然在可口可乐公司的冒险失败了，但是之后他提供的很多打破常规的策略都帮助一大批企业有了新的发展。

在扎曼的事业越来越好的时候，就连老东家可口可乐公司也摒弃前嫌，向他咨询，甚至请他重回可口可乐公司工作。可口可乐公司的总裁也认为之前因为一个错误便让扎曼离职是一个巨大的错误。

所以说，打破规则可能让我们面临困境，甚至是失败，但是，如果畏惧改变，一直固守那些所谓的规则，那我们更难成功，因为它会让我们失去勇气，失去创新，更失去机会！

既然我们面对的是一个未知的世界，那为什么不突破自己呢？

换一种思维，有些事可以简单解决

做什么事情，如果只想不做，那么很可能一无所获。反过来也一样，若是想得太多，则很可能让自己陷入麻烦之中。

很多时候我们都是自作聪明，认为做事应该稳妥些，如此才能保证万无一失；认为事情没那么简单，自己必须考虑全面些；甚至有些人认为只有通过复杂的解决方式，才能证明自己的实力和价值，才能超越其他人。

可仔细想想看，真的有这个必要吗？回答这个问题前，我们不妨看看这个故事：

在上海，一家世界知名企业向社会公开招聘，年轻人蜂拥而至，想要得到这个宝贵的机会。所有人都做好了充分准备，以应对面试官的问题。可令大家都大跌眼镜的是，这个问题非常简单：10减去1等于几？

怎么可能这么简单？这道考题肯定有什么深意或陷阱。于是面试者开始思考如何回答，思考考官的目的，思考如何给出更漂亮的答案。也有人耍了小聪明，回答说："你希望它是几，结果就是几。"更有人为了展现自己的聪明才智，想了很久之后开始长篇大论："10减去1如果等于9，那就是消费；10减去1如果等于12，那就是经营；10减去1等于15的话那就叫贸易；若是10减去1等于20，那就叫金融；如果10减去1等于100的话，那就是贿赂了。"

不过这些自以为聪明的答案都没能让主考官展开笑颜，只有一个人给出了最简单的答案："10减去1等于9。"很多人都露出嘲讽的笑容，可主考官听后，却露出赞扬的表情，继续问道："为什么呢？"

这个人回答说:"从数学的角度来说,10减去1就等于9。这是毋庸置疑的答案,为什么要把问题想得那么复杂呢?"

听了他的回答,主考官笑着说:"没错。虽然各位的回答很精彩,可我更欣赏这位考生的答案,因为我们公司的宗旨是不能把简单的问题复杂化。"

或许是现如今的环境太过复杂,所以很多人不再用简单的方式去思考问题,反而是把一个简单的问题变得非常复杂,复杂到我们甚至无力去解决的地步。可事实上,这根本不是解决问题,而是制造更多的问题。

更为重要的是,想得太多,容易让人犹豫不决,产生消极心态;想得太多,容易让人把问题复杂化,陷入思维的死胡同里出不来。若我们妄想把所有问题都考虑周全,就会把问题无限扩大,然后它们会折磨着我们的脑神经,让我们不得不妥协或者放弃。

在现实生活中,有的人每天都会萌生很多好点子,只要能够抓住机会,勇敢去尝试便可以获得成功。可是他们想得太多了,认为只有把每一个环节都设想好,把所有的条件都准备好才能行动。于是,他们越想问题越多,越计划困难越多,这些问题和困难拖住了他们的步伐,让他们失去了机会。

所以说,遇到问题或是计划做什么事情,不要企图把所有事情都考虑周全,挖掘出问题的本质,用最简单的方法去解决才是最好的办法。就算你考虑得不够周全,你也能领先于他人,抓住先机。

麦肯锡发明的"30秒钟电梯理论",就是说不管什么事情都要在最短的时间里得出结果,做任何事情都要抛开细枝末节,直奔主题。不要因为某种原因把问题想复杂,不要考虑细枝末节,这些都会为自己平添麻烦。

而这是麦肯锡从一次失误中得到的教训。那一次,在为一家大企业做完咨询工作之后,项目的负责人在电梯中偶然遇到了对方的董事长。

因为电梯离地面还有一段距离,董事长随意问道:"请问现在这个项目的结果如何了?你能够跟我大概说一下进展吗?"这个负责人之前并没有想过在电梯中要汇报工作,所以并没有准备,更何况在电梯从30层到1层这一点点时间里很难把整件事情交代清楚,甚至连从哪个方面入手他都想不出来,所以他支吾了半天也没能说出什么来。

因为考虑得太多，这位负责人错过了向对方汇报的机会。而在董事长看来，这是麦肯锡公司办事不力，于是在出电梯之后，他决定不再与麦肯锡公司合作。如果负责人直接告知对方结果，而不是考虑把所有事情交代清楚，或是考虑从某个方面入手，那么结果就会大不一样。

　　所以，任何复杂的问题其实都是可以简化的。顾虑太多，永远不能迈出向前突破的艰难一步。不要让自己的思维陷入死胡同，把问题简单化，寻找最佳解决途径，如此才能获得成功。

思维最好比时代更先进

从改革开放之后中国经济的发展轨迹来看，人们至少有六次致富良机。有的人与时俱进，抓住了某一次机会取得了成功。

可是，更多的人错过了一次又一次机会，究竟是为什么呢？是他们太笨吗？是他们不努力吗？还是他们运气不好？都不是！最关键的原因在于没有敢于尝试的勇气，更没有与时俱进的思维。

不妨看看这六次机会：

第一次是在20世纪80年代初期，那些被主流国有经济拒之门外的人成了中国第一批个体户，那时候也被称为"投机倒把分子"。但就是这些人，率先成了中国第一批"万元户"。

第二次是在90年代初期，股票刚刚发行，但大部分人对这一新事物都不了解，因此很少有人敢去接触。那时候为了推销股票，政府甚至强行要求各个单位的领导干部都必须购买股票。后来呢？几乎所有股票一上市都开始疯涨，那些被"强迫"购买股票的人，一夜之间就莫名其妙地成了百万富翁。

第三次是90年代中期，继股票之后，期货出现了，又一群"胆大"的人从怀揣几百块钱的穷小子摇身一变成了百万富翁。当然，也有很多人贪心不足，没有见好就收，从百万富翁赔成了穷光蛋。

第四次是90年代末期，股市迎来了大幅度的上涨，那时候的社会观念普遍认为炒股就是一种"不务正业"的行为，很多炒股的人都被人看不起，但就是那些人，在股市中收获了巨大的财富。

第五次是在2000年初，互联网时代来临，对于这个新东西，依旧很多人都没兴趣了解，也不敢触及，但在那个时期，不管是开网络公司还是买网络股，甚至开网吧的人，发家致富并不是难事。

第六次是在2000年到2007年之间，房地产市场大热，那时候房价还很便宜，一部分人开始炒房炒楼，但同样，依旧有许多人因为种种原因并没有投入其中，毕竟那时候房地产市场发展前景还并不是那么清晰，而现在呢，看看高昂的房价，老百姓再想投入其中，恐怕已经不可能了。

……

每一次新机遇到来时，一些人都在犹豫，都在想："这是新事物，没人尝试过，我还是等等吧！""我不了解这个事物，要是失败了，怎么办？""这会不会是一场骗局，我可要小心！"结果，等到别人成为富翁，他们就只能后悔、感慨。

真正想要成功的话，我们不能只看到别人的成功，而应该学习成功人士的思维，按照成功人士的思维去思考问题，而不是一直局限于自己落后的思维中。

美国《财富》杂志和《福布斯》杂志访问比尔·盖茨时问了他这样一个问题："比尔，身为世界首富，你到底是如何成就这一切的？我想也许只有你才可以告诉世人成为世界首富的秘诀。"比尔·盖茨淡淡地答道："事实上我之所以能成为世界首富，除了知识、人脉、微软公司畅销的软件之外，还有一个前提是大部分人没有发现的，这个关键词就叫作眼光好。"

为什么比尔·盖茨比别人的眼光好？就是因为他能与时俱进，敢于走在时代的前沿，敢于尝试别人不敢抓住的商机。他的思维比任何人都活跃，他不惧怕任何新东西，更不会因为故步自封而守着旧东西，反而还会创造出新东西，引领时代的发展。

所以说，思维的不同、眼光的不同，造就了成功者与失败者际遇与命运的不同。想要获得成功，我们需要拥有与时俱进的思想和敢于尝试的勇气，最好让我们的思维比时代更先进。

先从改变自己开始

大文豪托尔斯泰说过:"全世界的人都想改变别人,就是没人想改变自己。"别说命运对你不公平,其实上帝给每个人都分配了美好的将来,只是看你有没有把握住自己的人生。有的人用习惯的力量让自己抓住了命运的手。有的人虽然最初与命运擦肩而过,但是他们改变了自己,又让命运转回了微笑的脸。

原一平,美国百万圆桌会议终身会员,荣获日本天皇颁赠的"四等旭日小绶勋章",被誉为日本的推销之神,但其实他小的时候却因为脾气暴躁、调皮捣蛋、叛逆顽劣而恶名昭彰,被乡里人称为无药可救的"小太保"。

从"销售小白"蜕变为"销售之神",原一平用数十年的时间,成功跻身世界十大销售大师之列。在原一平年轻时,有一天,他来到东京附近的一座寺庙推销保险。他口若悬河地向一位老和尚介绍投保的好处。老和尚一言不发,很有耐心地听他把话讲完,然后以平静的语气说:"你的介绍,丝毫引不起我的投保兴趣。年轻人,先努力去改造自己吧!""改造自己?"原一平大吃一惊。"是的,你可以去诚恳地请教你的投保户,请他们帮助你改造自己。我看你有慧根,倘若你按照我的话去做,他日必有所成。"

从寺庙里出来,原一平一路思索着老和尚的话,若有所悟。接下来,他组织了专门针对自己的"批评会",请同事或客户吃饭,目的是让他们指出自己的缺点。

原一平把种种可贵的逆耳忠言一一记录下来。通过一次次的"批评会"，他把自己身上那些毛病一点点改掉。

与此同时，他总结出了含义不同的39种笑容，并一一列出各种笑容要表达的心情与意义，然后再对着镜子反复练习。

他开始像一条成长的蚕，在悄悄地蜕变着。

最终，他成功了，被日本国民誉为"练出价值百万美元笑容的小个子"，美国著名作家奥格·曼狄诺称其为"世界上最伟大的推销员"。

"我们这一代最伟大的发现是，人类可以由改变自己而改变命运。"原一平用自己的行动印证了这句话，那就是：有些时候，迫切应该改变的或许不是环境，而是我们自己。

也许你不能改变别人，改变世界，但你可以改变自己。幸福、成功的第一步，需从改变自己开始。

任何事物的发展都不是一条直线，聪明人能看到直中之曲和曲中之直，并不失时机地把握事物迂回发展的规律，通过迂回应变，达到既定的目标。

《清史》记载：顺治元年（1644），清王朝迁都北京以后，摄政王多尔衮便着手进行武力统一全国的战略部署。当时的军事形势是：农民军李自成部和张献忠部共有兵力40余万人；刚建立起来的南明弘光政权，汇集江淮以南各镇兵力，也不下50万人，并雄踞长江天险；而清军不过20万人。如果在辽阔的中原腹地同诸多对手作战，清军兵力明显不足。况且迁都之初，人心不稳，弄不好会造成顾此失彼的局面。

摄政王多尔衮审时度势，机智灵活地采取了以迂为直的策略，先怀柔南明政权，集中力量攻击农民军。南明当局果然放松了对清王朝的警惕，不但不再抵抗清兵，反而派使臣携带大量金银财物，到北京与清廷谈判，向清王朝求和。这样一来，多尔衮在政治上、军事上都取得了主动地位。顺治元年七月，多尔衮对农民军的进攻取得了很大进展，后方亦趋稳固。此时，多尔衮认为最后消灭明朝的时机已经到来，于是，发起了对南明的进攻。当清军在南方的高压政策和暴行受阻时，多尔衮又施以迂为直之术，派明朝降将、汉人大学士洪承畴招抚江南。顺治五年（1648），多尔衮以他的谋略和气魄，基本上完成了全国的统一。

采用迂回的策略，要十分讲究迂回的手段。特别是在与强劲的对手交锋时，迂回的手段高明、精到与否，往往是能否在较短的时间内由被动转为主动的关键。

美国当代著名企业家李·艾柯卡在担任克莱斯勒汽车公司总裁时，为了争取到10亿美元的国家贷款来解公司之困，他在正面进攻的同时，采用了迂回包抄的办法。一方面，他向政府提出了一个现实的问题，即如果克莱斯勒公司破产，将有60万左右的人失业，第一年政府就要为这些人支出27亿美元的失业保险金和社会福利开销，政府到底是愿意支出这27亿呢，还是愿意借出10亿极有可能收回的贷款？另一方面，对那些可能投反对票的国会议员，艾柯卡吩咐手下为每个议员开列一份清单，单上列出该议员所在选区所有同克莱斯勒有经济往来的代销商、供应商的名字，并附有一份万一克莱斯勒公司倒闭，将在其选区产生的经济后果的分析报告，以此暗示议员们，若他们投反对票，因克莱斯勒公司倒闭而失业的选民将怨恨他们，由此也将危及他们的议员席位。

这一招果然很灵，一些原先激烈反对向克莱斯勒公司贷款的议员不再说话了。最后，国会通过了由政府支持克莱斯勒公司15亿美元的提案，比原来要求的多了5亿美元。

俗话说："变则通，通则久！"所以在遭遇一些暂时没有办法解决的问题时，我们应该学着变通，不能钻牛角尖，此路不通就换条路。有更好的机会就赶快抓住，不能一条路走到黑，生活不是一成不变的，有时候我们转过身，就会突然发现，原来我们的身后也藏着机遇，只是当时的我们赶路太急，把那些美好的事物给忽略掉了。

思维与方法错了，越坚持走得越慢

愚公移山的故事，老少皆知。我们钦佩愚公的干劲、执着，但同时也有人抱质疑态度：若愚公搬一次家，又何至于让子子孙孙都辛苦一生？

工作中，许多人常咬紧青山不放松，永不言放弃，却只能头破血流、两败俱伤。变一回视线，换一次角度，找一下方法，将会"柳暗花明又一村"。

汪亮到一家公司去推销商品。他恭敬地请秘书把名片交给董事长，正如他所料，董事长还是把名片丢了回去。

"怎么又来了！"董事长有些不耐烦。无奈，秘书只得把名片退还给立在门外受尽冷落的汪亮，但他毫不在意地再把名片递给秘书。

"没关系，我下次再来拜访，所以还是请董事长留下名片。"

拗不过汪亮的坚持，秘书硬着头皮，再进办公室，董事长火了，将名片撕成两半，丢给秘书。秘书不知所措地愣在当场，董事长更生气了，从口袋里拿出10块钱说道："10块钱买他一张名片，够了吧！"

哪知当秘书递还给汪亮名片与钞票后，汪亮很开心地高声说："请你跟董事长说，10块钱可以买两张我的名片，我还欠他一张。"随即他再掏出一张名片交给秘书。突然，办公室里传来一阵大笑，董事长走了出来说道："这样的业务员不跟他谈生意，我还找谁谈？"说着把汪亮请进了办公室。

大多数情况下，正确的方法比坚持的态度更有效、更重要。

坚持固然是一种良好的品性，但在有些事上过于坚持，反而会导致更大的浪费。因此，做一件事情时，在没有把握和科学根据的前提下，应该见好就收，知难而退。

《禅与人性》里有这样一个故事：有两个朋友分别住在沙漠的南北两端，由于干旱，饮水成了生存最主要的问题。还好，在沙漠的中心有一眼泉水。为了能喝到水，每天他们都要到沙漠中心去挑水，日子过得非常辛苦。

两个人每天都在约定的时间到泉水处，先是聊聊天，然后分别挑起水回家，这样一直坚持了五年。

忽然有一天，南边的人在泉水的地方没有见到北边的人，他心想："他大概睡过头了。"可是第二天，他还是没有见到北边的那个人来挑水。过了一个星期，北边的人始终没有来，南边的人着急了，以为他出了什么意外，于是就收拾行装去北边看望他的朋友。

等他到达北边的时候，远远地看见他朋友家的烟囱上冒出浓烟，还闻到了菜香味儿。"这哪里像一个星期没有水的样子？"他心想。

"我都一个星期没见到你挑水了，难道你不用喝水吗？"南边的人问。

"我当然不会一个星期不喝水！"北边的人把南边的人带到他家的后院，指着一口井说，"五年来，我每天都抽空挖这口井。我们现在都还年轻，还有力气每天走很远的路去挑水，等我们老了的时候怎么办，你想过没有？就在一个星期前，我的井里开始有了水，这口井足足用了我五年的时间才挖成。虽然很辛苦，但是以后我就不用走那么远的路去挑水了！"

从中可见，每天都坚持着辛苦挑水并非最佳的选择，找到水源才是根本方法。

在形形色色的问题面前，在人生的每一次关键时刻，聪明的企业员工会灵活地运用智慧，做最正确的判断，选择属于自己的正确方向。同时，他会随时检视自己选择的角度是否产生偏差，适时地进行调整，而不是以坚持到底为圭臬，只凭一套哲学，便欲强闯职场中所有的关卡。时时留意自己执着的意念是否与成功的法则相抵触，追求成功，并非意味着我们必须全盘放弃自己的想法，去迁就成功法则。只需在意念、方法上做灵活的修正，我们将离成功越来越近。

避开钉子,换一种思维方式

在生活中,我们难免会因为一些事情而与对手针锋相对。矛盾也许不可避免,但是我们真的没有必要跟别人斗个你死我活。如果真的躲不过去,也不要跟对手硬拼。要懂得利用智慧和技巧,在方法上取胜。

聪明的人总是懂得在危险中保护自己,而愚蠢的人总是喜欢依靠蛮力,哪怕耗费掉自己全部的精力也要与对手争个高下,弄得自己没有回旋的余地。

在武术圈里有这样一个故事:一位搏击高手参加自由搏击锦标赛,自以为稳操胜券,一定可以夺得冠军。

出乎意料,在最后的决赛中,他遇到一个实力相当的对手,双方竭尽全力出招攻击。当双方打到了中局,搏击高手意识到,自己竟然找不到对方招式中的破绽,而对方的攻击却往往能够突破自己防守中的漏洞,有选择地打中自己。

比赛的结果可想而知,这个搏击高手惨败在对方手下,当然也就无法得到冠军的奖杯。他愤愤不平地找到自己的师父,一招一式地将对方和他搏击的过程演练给师父看,并请求师父帮他找出对方招式中的破绽。他决心根据这些破绽,苦练出足以攻克对方的新招,决心在下次比赛时,打倒对方,夺取冠军。

师父笑而不语,在地上画了一条线,要他在不能擦掉这条线的情况下,设法让这条线变短。

搏击高手百思不得其解,怎么才能使地上的线变短呢?最后,他无可奈何地放弃了思考,转向师父请教。

师父在原先那条线的旁边,又画了一条更长的线。两者相比较,原先的那条线,看起来变得短了许多。

师父开口道:"夺得冠军的关键,不仅仅在于如何攻击对方的弱点,正如地上的长短线一样,如果你不能使这条线变短,你就要懂得放弃从这条线上做文章,寻找另一条更长的线。那就是只有你自己变得更强,对方就如原先的那条线一样,也就在相比之下变得较短了。如何使自己更强,才是你需要苦练的根本。"

徒弟恍然大悟。

师父笑道:"搏击要用脑,要学会选择,攻击其弱点。同时要懂得放弃,不跟对方硬拼,以自己之强攻其弱,你才能夺取冠军。"

在获得成功的过程中,在夺取冠军的道路上,有无数的坎坷与障碍,需要我们去跨越、去征服。

人们通常走的路有两条。一条路是学会攻击对手的薄弱环节。正如故事中的那位搏击高手,可找出对方的破绽,给予其致命的一击,用最直接、最有效的技术或技巧,快速解决问题。

另一条路是懂得放弃,不跟对方硬拼,全面增强自身实力,在人格上、知识上、智慧上、实力上使自己加倍成长,变得更加成熟,变得更加强大,以己之强攻敌之弱,使许多问题迎刃而解。

不跟对手硬拼,是一种包容,也是一种智慧。绕开圈子,才能避开钉子。适当地给对手留有余地,也许可以将对方感化,从而化僵持为友好,将敌人变成朋友。适当地给自己留有余地,你才有机会东山再起,才能把握更多机遇。

行走中的人,既要能够看到远处的山水,也要能够看清自己脚下的路。"不计较一时得失,基于全景考虑而决定的变通"往往是抵达目的地的一条捷径。变通,既是为了通过,更是为了向前。

生命的长途中既有平坦的大道也有崎岖的小路,聪明的人既向往大道的四通八达,也憧憬小路上的美丽风景;生命的轮回中四季交替,既有姹紫嫣红、草长莺飞的明媚春光，也有银装素裹、万木凋零的凛冽冬日，万物生灵随着季节的轮转调整着自己的生存方式。

在生命的春天中，我们尽可以充分享受和煦的春风、温暖的阳光，而遭遇寒冬之时，要及时调整步速，不急不躁地把握住生命的脉搏。

人的一生总要经风历雨，横冲直撞、一味拼杀是莽夫；运筹帷幄、懂得变通才是智者。

从前，有一个穷人，他有一个非常漂亮的女儿。穷人生活拮据，妻子又体弱多病，不得已向富人借了很多钱。年关将至，穷人实在还不上富人的钱，便来到富人家中请求他宽限一段时间。

富人不相信穷人家中困窘到了他所描述的地步，便要求到穷人家中看一看。

来到穷人家后，富人看到了穷人美丽的女儿，坏主意立刻就冒了出来。他对穷人说："我看你家中实在很困难，我也并非有意难为你。这样吧，我把两个石子放进一个黑罐子里，一黑一白，如果你摸到白色的，就不用还钱了，但是如果你摸到黑色的，就得把女儿嫁给我抵债！"

穷人迫不得已只能答应。

富人把石子放进罐子里时，穷人的女儿恰好从他身边经过，看见富人把两个黑色石子放进了罐子里。穷人的女儿刹那间便明白了富人的险恶用心，但又不能立刻当面拆穿他的把戏。她灵机一动，想出了一个好办法，悄悄地告诉了自己的父亲。

于是，当穷人摸到石子并从罐子里拿出时，他的手"不小心"抖了一下，富人还没来得及看清颜色，石子便已经掉在了地上，与地上的一堆石子混杂在一起，难以辨认。

富人说："我重新把两颗石子放进去，你再来摸一次吧！"

穷人的女儿在一旁说道："不用再来一次了吧！只要看看罐子里剩下的那颗石子的颜色，不就知道我父亲刚刚摸到的石子是黑色的还是白色的了吗？"说着，她把手伸进罐子里，摸出了剩下的那颗黑色石子，感叹道："看来我父亲刚才摸到的是白色的石子啊！"

富人顿时哑口无言。

"重来一次"意味着穷人要把女儿嫁给富人抵债，而穷人的女儿则通过思维的转换成功地扭转了形势。所以很多时候与其硬来，不如做出变通更有效果。当客观环境无法改变时，改变自己的观念，学会变通，才能在绝境中走出一条通往成功的路。

生活中许多事情往往都要转弯，路要转弯，事要转弯，命运有时也要转弯。转弯是一种变化与变通，转弯是调整状态，也是一种心灵的感悟。生命就像一条河流，不断回转蜿蜒，才能跨越崇山峻岭，汇集百川，成为巨流。生命的真谛是实现，而不是追求；是面对现实环境懂得转弯迂回和成长，而不是横冲直撞或逃避。

高山不语，自有巍峨；流水不止，自成灵动。沉稳大气、卓然挺拔，是山的特性；遇石则分，遇瀑则合，是水的个性。水可穿石，山能阻水，山有山的精彩，水有水的美丽，而山环水水绕山，更是人间曼妙风景。

第二章 破解人性10种思维密码

人性是一个复杂而深刻的主题，
它包含了我们内在的动机、欲望和行为。
要变得更强，我们必须首先解码自己的人性，
理解我们是如何思考和行动的。
思维是塑造我们行为和决策的关键因素，
要变得更强，我们需要破解自己的思维模式，
深入了解我们是如何思考的。

逆向思维：反其道而行之，问题或许迎刃而解

逆向思维，又称求异思维，它是对司空见惯的似乎已成定论的事物或观点反过来思考的一种思维方式。"反其道而行之"，从问题的对立面去探索，或许可以顺利地解决问题。

与常规思维不同，逆向思维具有以下三个突出特征。

1. 普遍性

逆向思维在人们生活和工作中的各个领域都适用，因为对立统一规律是普遍适用的。只要有一种对立统一的形式，就会相应地存在一种逆向思维的角度。因此，逆向思维也有多种形式，如高与低、大与小、前与后、左与右、上与下等。我们可以从某一个方面出发，联想到与之对立的另一个方面，这就是逆向思维。

2. 批判性

常规思维一般指正向思维，包括各种常识、公认的或习惯的做法和想法。逆向思维则与之相反，恰恰是对传统、惯例和常识的反叛与挑战。逆向思维可以帮助我们克服思维定式，从另一个角度认识并解决问题。

3. 新颖性

大多数情况下，人们习惯于遵循传统的思维模式，循规蹈矩，这样一来获得的知识和答案往往是司空见惯的，人们的思路容易僵化。在过往经验的束缚下，人们容易关注熟悉的一面，自动忽略另一面。拥有逆向思维以后，我们就可以尽量避免类似的错误，得到的往往是出人意料、使人耳目一新的

答案和知识。

当前，企业对人才的要求不断提高。很多求职者为了吸引招聘者的眼球，在简历上罗列了很多荣誉和成绩，这样一来，反而把能够给招聘单位留下深刻印象的优点埋没了。

某位应聘者在求职时想出了一个独具特色的吸引招聘者的方法，他在简历的撰写上采用了倒叙法。一般来说，求职简历上总是先介绍求职者的个人兴趣、爱好、求学经历等信息，而他从招聘单位比较注重的"工作经验"入手，开篇就抓住了招聘者的注意力。

与其他包装自己、吹嘘自己的求职者相比，他还有的放矢地介绍了自己的"缺点"，而这些"缺点"正好是招聘单位看中的特点，最终他从众多竞争者中胜出。

现在招聘单位的用人理念早已从寻找"最优秀的人"转变为寻找"最有特点的人"，而用逆向思维写成的求职简历也体现了一个人的思维能力、工作风格和发展潜力等，这位应聘者能够脱颖而出也就不足为奇了。

发散思维：多元化思考，另辟蹊径寻求答案

发散思维，又称多向思维、扩散思维，指从思维中的某一点出发，根据不同的路径来进行思考，寻找多元化的答案。在思维过程中，我们要积极地利用想象力，突破固有的思维框架，朝各个方向扩散，从不同的角度思考，让知识进行全方位的重组，从而寻找到更多解决方法。

在日常生活中，"一物多用"就是发散思维的典型体现。对于大多数成年人而言，他们对生活中的大多数事物已经习以为常，所以不愿意花费更多的时间和精力去思考和推敲，对这些事物的看法早已根深蒂固。

在哈佛大学心理学系的课堂上，老师在黑板上画了一个大圆圈，提问这是什么。学生们的回答完全一致："这是一个圆圈。"如果用同样的问题提问幼儿园里的小朋友，我们可能会得到各种各样的答案，如苹果、太阳、月亮、皮球等。尽管大学生给出的答案更接近实际情况，但幼儿园小朋友的思维更活跃，他们的思维就是发散思维。

发散思维一般具有以下四个突出特征。

1. 流畅性

流畅性指人们要在很短的时间内尽可能多地萌生新的思维观念，并将其流畅地表达出来，同时可以很快地适应并消化新思想。这一点与个人智力密切相关。

2. 变通性

人们要努力突破固有的思维框架，用新思路探索事物，运用触类旁通、

横向类比、跨域转化等方式促使自己的思维朝不同的方向扩散。

3. 多感官性

人们在展开发散思维的过程中，不仅要积极调动听觉和视觉器官，还要利用其他感官接收并处理大量的信息。不仅如此，发散思维与主观情感之间的关系也很复杂，假如可以赋予信息以强烈的感情色彩，发散思维的效率也会随之提高。

4. 独特性

那些具备较强发散思维能力的人，其反应新奇有趣，与人们常见的反应大不相同，这是发散思维追求的最高目标。

要想成为生活中的强者，我们就必须学会克服思维定式，另辟蹊径，以更积极和开放的心态探索更美好的世界。

有一天，一位商人来到纽约花旗银行的贷款部，他像贵族一般坐在柜台前。贷款部经理对他不敢有一丝一毫的怠慢，赶忙问道："先生，我能为您做些什么吗？"

商人回答道："我要借钱。"

贷款部经理很高兴，问："没问题，您借多少？"

商人回答道："不多，1美元，可以吗？"

虽然借款金额少得让人惊讶，但贷款部经理仍然礼貌地说："当然可以！尽管您只借1美元，但您仍需要提供担保金，而且金额必须高于您的借款金额。"

商人不住地点头，从手提包里拿出一捆捆钞票，放在柜台上，说："这是100万美元，够不够做担保金？"

贷款部经理非常困惑："这当然够了！不过，您真的只借1美元吗？如果您借80万美元，我们也可以提供这笔借款。"

商人笑着说道："不必了，我来这里之前已经询问过5家银行了，我必须花一大笔钱才能租下他们的保险箱，相比之下，您这里的租金很便宜，只需要1美元！"

原来这位商人随身携带一笔巨款到纽约办事，打算让银行代为保管这笔钱。他可以把钱存在银行，但肯定要办理一系列手续；他可以租用银行的保险箱，但租金又太贵。为了省钱，也为了避免不必要的麻烦，他想出了这个办法，决定在花旗银行借款1美元，并用100万美元做抵押，这样不仅避免了存取钱时办理各种麻烦的手续，也不需要花高价租用保险箱，同时还合法合规。

侧向思维：思想活泼，从多个角度看待问题

侧向思维，又称旁通思维、横向思维，是一种非常规的思维方式，是发散思维的另一种形式。与正向思维不同，侧向思维是沿着正向思维旁侧开拓出新思路的一种创造性思维，即利用其他领域里的知识和资讯，侧向迂回地解决问题的思维方式。

侧向思维经常用于技术创新前的阶段，这就要求思维主体头脑灵活，善于另辟蹊径。纵观世界科学发展史，很多科学奇迹的创造正是通过侧向思维诞生的。

圆珠笔刚刚问世的时候，有一个让人头疼不已的问题：圆珠笔在书写一段时间后会因圆珠磨损而漏油。很多工程师为此想了很多方法，如改进圆珠质量，改进油墨性能，但漏油问题还是存在。

东京山地笔厂的青工渡边发现四岁的小女儿在圆珠笔用到快漏油时，就会把圆珠笔丢弃不用，他从中得到启发，建议老板缩短笔芯的长度，这样一来，不等其漏油，笔油就用完了，结果这项"无漏油圆珠笔"的小发明受到顾客的热烈欢迎，产品销量大增。

侧向思维方法主要有以下几种。

1. 侧向移入

侧向移入指跳出本专业、本行业的范围，不再囿于习惯性思维，将注意力转向更广阔的领域，将其他领域已成熟的技术、方法或原理等直接移植过来加以利用，或者从其他领域事物的特征、属性、机理中获得启发，在原来

思考问题的基础上产生创新的设想。

2. 侧向转换

侧向转换指不按最初设想或常规方式解决问题，而是将问题转换为其侧面的其他问题，或者将解决问题的手段转换为侧面的其他手段。

在直升机的发明过程中，直升机顶上的螺旋桨在旋转时会产生力量巨大的反扭矩，那么应该如何解决这个问题呢？一般人认为，只要再安装一个沿着反方向旋转的螺旋桨就可以了，但经过试验，人们发现这个办法根本行不通。

这时，一个名为西科斯基的美国人想出了一个好方法，他为直升机安装了一个尾桨，利用这个附加部件消除反扭矩。经过一系列的试验，人们发现在为直升机安装尾桨以后，直升机在重量、复杂度和功率折损等方面都有所改进。

3. 侧向移出

侧向移出指将现有的设想、已取得的发明、已有的技术和产品，从现有的使用领域、使用对象中摆脱出来，将其外推到其他意想不到的领域或对象上。这也是一种立足于跳出本领域，克服线性思维的思考方式。

总之，侧向思维的关键是善于观察，在关注研究对象的同时，留心那些表面上似乎与问题无关的事物或现象，或许会偶然间看到侧向思维中的重要对象或者线索。

超前思维：把握先机，科学推测未知的事实

超前思维其实是一种预测思维，即科学推测尚未发生的事实，例如，根据本周的天气状况推测下周的天气状况，根据今年的经济发展形势推测明年的经济发展形势等。超前思维是一种根据现实来推测未来的思维模式，合理地运用超前思维，我们可以未雨绸缪，尽早做准备。

现在是一个竞争的时代，具备超前思维，事事想到别人前面，做在别人前面，才能把握先机，获得更好的发展。很多历史事例也告诉我们，大多数成功者并非最勤学苦干或学识最渊博的人，而是那些善于运用超前思维的人。

例如，卢瑟福打破了放射性原理的束缚，探索并总结了原子分裂的过程，为人类打开了通往核世界的大门；贝尔德对电子技术兴趣浓厚，发明的电视机让人们的娱乐生活和信息传播突破了时间和空间的局限。不管是牛顿的经典力学，还是爱因斯坦的相对论和普朗克的量子理论，都是他们运用超前思维缔结的丰硕果实。

在第二次世界大战期间，美国有一家规模不大的缝纫机厂生意惨淡，厂主杰克决定把目光转向未来市场，就对儿子说缝纫机厂需要转产改行。

儿子问他改成什么，杰克回答道："改成生产残疾人用的小轮椅。"

儿子当时十分不解，但还是按照父亲的意思办了。经过一番设备改造以后，这家工厂开始上市一批批小轮椅。随着战争的结束，很多在战争中受伤致残的士兵和平民纷纷购买小轮椅。杰克工厂的产品销量剧增，不仅在本国大卖，还远销国外。

看到工厂的生产规模不断扩大，公司盈利越来越多，杰克的儿子非常高兴，不禁向父亲请教："战争结束了，受伤致残的人越来越少，如果我们继续大量生产小轮椅，可能会供过于求。未来的几十年里，市场上可能会出现什么需要呢？"

杰克问儿子："战争结束之后，人们的想法是什么？"

儿子回答道："人们厌恶战争，战后肯定希望过上安定美好的生活。"

杰克点点头，成竹在胸地说道："美好的生活靠的是什么？靠的是健康的身体。以后人们会追求身体健康，所以我们要为生产健身器材做好准备。"

于是，生产小轮椅的流水线逐渐被改造成健身器材生产线。开始几年，健身器材的销售情况并不太好。杰克去世后，他的儿子坚信父亲的预测，继续生产健身器材。结果，在10多年后，健身器材开始受到大众的欢迎，很快成为热门产品。当时健身器材的竞争产品不多，他生产的健身器材在市场上独领风骚。

杰克的儿子根据市场需求，不断增加健身器材的品种和产量，扩大企业规模，终于成为亿万富翁。

超前思维可以帮助我们透过重重迷雾，预见不远处的生机勃勃。因此，我们要注重培养自己的超前思维，对事物的历史和现状进行全面和多维度的分析，实事求是，认识并预估未来，从而把握住未来发展的大趋势。

收敛思维：聚焦思路，在迷乱中探究真实答案

收敛思维，又称集中思维，在这种思维形式下，每个问题只有一个正确答案。在思考过程中，每一个环节都指向这个答案，因此各种已知信息从不同的方面汇聚于同一个目标。也就是说，收敛思维是综合运用分析、比较、概括、论证、判断和归纳等各种思维方式来获得最合适的答案。

收敛思维具有以下特征。

1. 论证性

收敛思维要求把解决的问题纳入传统的逻辑轨道，按照传统逻辑规则进行严密的推理论证，按部就班、一环扣一环地展开。收敛思维重视因果链条，不允许运用联想和想象代替推理和论证，也不允许思维出现跳跃。

2. 聚焦性

收敛思维强调在解决问题时抓住问题的焦点，围绕问题反复思考，浓缩聚拢原有的思维，形成思维的纵向深度和强大的穿透力，在解决问题的特定指向上思考，不断积累，最终量变引起质变，顺利地解决问题。

3. 深刻性

收敛思维注重刨根问底，探究问题的实质。很多问题的实质是隐藏在肤浅的表象之下的，要想成功，就必须揭开表象，探索背后的真相。

面对同一个问题，人们往往会产生各种各样的思路。收敛思维就是聚焦各种思路，从不同来源、材料和层次中寻找正确答案。在日常生活中，我们经常会面临诸多选择，需要从中选择最合适的一个，这时就要用到收敛思维。

收敛思维的运用过程大致可以分为三步。

(1)搜集并掌握各种有关信息，掌握的信息越详尽越好，这是运用收敛思维的前提。

(2)分析并筛选信息，保留有用的信息，剔除关系不大或无关的信息。

(3)通过分析、比较、抽象和归纳等思维方式，以客观的态度处理信息，找到这些信息的共性，从而得出正确的结论。

下面这个故事就是收敛思维的典型体现。

1960年，英国某农场主为了节约开支，用发霉的花生喂养农场里的10万只火鸡和小鸭，结果这批火鸡和小鸭大多数患癌症而死。不久，我国某些农民用发霉的花生长期喂养鸡和猪等家畜，也发生了这种情况。1963年，澳大利亚又有人用发霉的花生喂养大白鼠、鱼、雪貂等动物，结果这些动物也大都患癌症而死。

研究人员收集到以上资料后，经过分析与论证，得出以下结论：在不同地区，对不同种类的动物喂养发霉的花生会导致其患上癌症，因此发霉花生是致癌物。后来，经过化验研究发现：发霉花生内含黄曲霉素，而黄曲霉素正是致癌物质。

组合思维：发挥想象力，将不相干的事物联系起来

组合思维，又称连接思维、合向思维，指各项事物看似毫不相关，但可以通过发挥想象力将其联系起来，从而变为一个不可分割的整体。我们可以运用组合思维将日常生活中熟悉的事物重新排列组合，构成一个全新的事物。

生活中，我们可以看到很多通过组合思维被联系在一起的事物，例如，将牛奶和酵母相结合，创造出了酸奶；将自行车与电瓶相结合，创造出了电动自行车。

一般来说，组合思维的方式有以下几种。

(1)主体附加法，就是以某个既定对象作为主体，通过置换和增添一些其他技术或附件，在此基础上进行发明或创新。

某位中学生曾经发明了一种可以让色盲识别的红绿灯。这个小发明者谈及发明这种红绿灯的原因时，说："现有的交通灯都是红绿色，而色盲无法分辨这两种颜色，这给他们的生活带来了极大的不便。"为了让色盲识别，他充分发挥组合思维的优势，在现有的红绿灯中加入了一些白色的有规则形状的图形，例如，在红色圆形中加入一条横着的白杠，在绿色圆形中加入一条竖着的白杠，从而让色盲能够有效地识别。

(2)二元坐标法，就是按照一定序列对平面直角坐标系两条数轴上的元素进行两两组合，选出其中的最佳组合或者最有意义的组合，从而实现创新。

(3)焦点法，就是预设某个事物为焦点，与所罗列的各要素依次结合，形成若干个联想点，从而在产品、技术、学说或者其他方面寻求突破。

(4)形态分析法,就是通过重新分列并组合与研究对象有关的各形态要素,从整体入手,多方面寻求解决问题的方案。

其实很多事物虽然看似没有联系,但将其组合起来之后能够产生巨大的力量,当我们把各部分或者各要素整合起来,并在此基础上发挥主观能动性,就可以将力量发挥到极致。

系统思维：综合要素，从整体上把握全局

系统思维是根据对象的特点，以整体为基础，全盘考虑这个系统的整体与部分、各部分之间、系统与环境之间的各种关系，利用系统分析的方法达到系统目标最优化。

系统思维主要有以下几种。

1. 整体法

整体法，就是在分析和处理问题的过程中，始终从整体考虑，从全局出发，把整体放在第一位，不让任何部分凌驾于整体之上。

2. 结构法

结构法指在进行系统思维时，注意系统内部结构的合理性。系统由各部分组成，部分与部分之间组合是否合理对系统有着很大的影响。一个好的结构，是指组成系统的各部分之间组织合理，是有机的联系。

3. 要素法

每个系统都是由各种各样的因素构成的，其中相对具有重要意义的因素称为构成要素。要使整个系统正常运转，并发挥最好的作用，或者处于最佳状态，就必须对各要素考察周全，充分发挥各要素的作用。

北宋皇帝宋真宗要修建玉清昭应宫。工程规模宏大，有三件事最为困难：一是取土，二是从外地运输建筑材料，三是处理建筑垃圾。

大臣丁谓被指派负责这项艰巨的工程。他很快就制订了修复方案，下令工人直接从施工现场向外挖条大沟，免去长途跋涉去挖土的麻烦。很快，

那里就被挖出一条深沟，丁谓又下令将汴河的水引入深沟里，用竹子编成木筏，装载外地来的建筑材料，从水路直接运到施工现场。

待到玉清昭应宫完成后，工匠们又把废弃的瓦砾填入深沟，修筑了一条平坦而宽阔的大道。经过丁谓的精心安排，工程的工期大大缩短，也为朝廷节省了一大笔经费。

在这个案例中，丁谓正是巧妙地把握了这个工程之中各要素之间相互促进的关系，使系统作为一个整体朝着更和谐的方向发展，同时他精准地把握了各要素之间相互制约的关系，推动它们朝着相反的方向转变，最终达到趋于理想的状态。

4. 功能法

功能法指为了使一个系统呈现出最佳态势，从大局出发来调整或者改变系统内部各部分的功能与作用。在这个过程中，可能使所有部分都向更好的方面改变，从而使系统状态更佳，也可能为了获得系统的全局利益，以牺牲系统某部分的功能作为代价。

求易思维：简化指令，将复杂的事情简单化

在日常生活中，我们经常面对各种复杂的情况或现象，而拥有求易思维的人总有化繁为简的能力，可以把复杂的事物简单化，甚至概括为几句话或者几个字。

很多人以为求易思维是一种惰性思维，然而简单化在大部分情况下是一种十分有效的思维方式，可以帮助人们更好地解决问题。人的大脑可以储存极其复杂的信息，但在实际生活中只需遵循几个非常简单的指令就能顺利地运转。因此，我们要加工处理大量复杂的信息，从中高度概括出几个最有效的信息，以此实现简单化。

古罗马时期，一位德高望重的预言家在罗马城设下了一个很难解开的结，同时他做出预言："未来的某一天，有一个人终将解开这个结，而这个人会成为整个亚细亚的领袖。"后来，无数英雄豪杰来到这里想要解开这个结，但从未有人成功过。

当时，亚历山大年轻力壮，带领马其顿大军南征北战，他也听说了这个预言。于是，他不远万里赶到罗马城，想要解开这个结。然而，不管他采用什么方法，仍然无法打开。他转念一想，既然我无法解开这个结，也不能把机会留给他人，于是抽出佩剑将其劈断。就这样，年轻的亚历山大很快打开了那个困扰人们的结，而他也很快成为亚细亚的领袖。

可见，面对一些棘手的问题时，使其简单化往往是最有效的办法。在生活中，很多规章制度约束着人们的一言一行，有些规章制度苛刻古板，过于

冗杂和烦琐，给施行和监督造成了很大的困难。

有一家工厂经营不善，连年亏损，濒临破产。就在这家工厂生死存亡的关键时刻，新的总经理上任了。他发现工人工作散漫，甚至不知道如何利用上班时间。这位总经理开会时强调了这个问题，车间主任告诉他，工厂有一套十分详细的规章制度约束工人。车间主任从档案室里翻出了一大摞管理条例，总经理一看，居然有5本！

总经理随手翻看了一下，说："这些管理条例太冗杂了，谁能记得住？"于是，他制定了两项最简单的管理条例，用"四无"和"五不走"来概括。

"四无"是针对车间提出的，要求车间内无杂物、无垃圾、无闲聊、无随意乱放的半成品或成品；"五不走"是针对工人提出的，要求他们在下班时没擦干净设备不走，没摆放整齐材料不走，没做好清点不走，没做好记录不走，没打扫干净车间不走。

这两项管理条例加在一起只有9条，既简单又清楚，还很方便记忆。此后，工厂的情况逐渐好转，这一切得益于总经理运用求易思维来解决管理方面的问题。

迂回思维：两点之间，未必直线最短

碰到问题，我们常常会采取直线方法来解决，因为我们认为两点之间直线最短，这是正向思维解决问题的方法。事实上，"横冲直撞"的直线方法往往解决不了问题，因此，我提出迂回思维。

迂回思维，也叫侧向思维，与正向思维相对，是发散思维的一种。

这种思维讲的就是，在解决问题中，我们遇到了难以消除的障碍时，不妨谋求退避，以退为进，或绕过障碍而解决问题。

迂回思维的基本特点就是避直就曲，通过拐个弯，规避摆在正前方的障碍，走一条看似复杂的曲线，却可以尽快到达目的地。这是迂回思维的智慧，也是迂回思维的魅力所在。

迂回思维，常常是创新者用来解决难题的一种思考手段。迂回思维的特点是：思路灵活多变，善于联想推导，随机应变。

本书中我所讲的调整思维，其实也包含迂回思维。

大自然是最懂得迂回思维的。

一座小山阻断了河流前进的步伐，河流会掉转头来，温柔地依附着小山坡，不动声色地拐个弯后，缓缓回流过去。

法国纪录片《微观世界》中有这样一个场景：一只屎壳郎，推着一个粪球在陡峭的山路上走着。突然，粪球插在一根植物的尖刺上，屎壳郎似乎并没有发现自己陷入了困境。推了一会儿，见没动静，于是，它便倒着往前顶，还是不见效。又推走了周边的土块，试图从侧面使劲，但粪球依旧没有出来的迹象。忽然,它绕到粪球另一面,只轻轻一用力,咕噜一声,顽固的粪球掉下来了。

有位科学家曾做过这样一个实验:把一盆食物放在一个未封闭的护栏前,让鸡和狗去吃。鸡很愚蠢,看见食物,只在护栏前猛扑,结果总是吃不到食物。狗却聪明,它只在护栏前站了一站,便侧身转到护栏后面,结果吃到了食物。这则故事说明在生活实践中,有很多难题看似无法解决,但如果我们采用迂回思维,不正面出击,而从侧面或背后出击,便可柳暗花明,问题迎刃而解。

家乡的野蚕在吃树叶时也有迂回的特征,当它们自下而上吃光了一片桑叶后,总会转过身去,将后方变成前方,将来路视为出路,重新出发,去寻找下一个蚕食与生存的空间,不断占据新的枝条。

转身,不只是动物的选择。

大自然就是我们的老师啊!当人无路可走的时候,也许迂回就是出路,就是解决问题的最好方法。

很多人都知道曹冲称象的故事。在称量技术落后的古代,一头大象的重量谁也无法称出。小曹冲非常聪明,他避开了无大秤的正面冲突,想到了把大象装在船上,刻下船在水中的吃水线。再牵下大象,装上与大象等重的石子。这样,就把称大象的难题转换成称同样重量的小石子。一把小秤,便把一只大象的重量称出来了,你看迂回思维多么奇妙!

在央视访谈栏目《大家》中,我国著名医学家吴阶平讲了一个他父亲的故事。他说,有一次,一位姓盛的人有一批大洋要从武汉运往上海。当时,长江一线匪盗猖獗,谁也不敢承接这一任务。盛某人找到吴阶平的父亲。吴父很爽快地答应了盛某人的要求。吴父为什么敢于如此爽快?原来吴父是这样做的:他把那批大洋全部买成洋油,洋油装船运输,就比直接装大洋运输安全多了。

迂回思维在科学上的作用也很大。纵观世界科学发展史,一些科学奇迹,往往是通过侧向思维创造。

如果我们想成功,就需要掌握迂回思维这一思维特点。

19世纪，德国有个叫亨利·谢里曼的商人，他在幼年时就深深迷恋《荷马史诗》，并暗下决心，一旦有了足够的收入，就投身考古研究。

谢里曼很清楚进行考古发掘和研究是需要很多钱的，而自己的家境却十分贫寒，在现实与理想之间，没有"捷径"可走，他想到了迂回。

于是，从12岁起，谢里曼就自己挣钱谋生，先后做过学徒、售货员、银行信差，后来在俄罗斯开了一家私人的商务办事处。

但谢里曼从未忘记过自己的理想。利用业余时间，他自修了古代希腊语，并通过穿梭于各国之间的商务活动，学会了多门欧洲国家的语言，这些都为日后"奇迹"的出现奠定了基础。

多年以后，谢里曼终于积攒了一大笔钱，他开始把时间和钱财都花在追求儿时的理想上。

谢里曼坚信，通过发掘，一定能够找到《伊利亚特》和《奥德赛》中所描述的城市和古战场。1870年，他开始在特洛伊挖掘。不出几年，他就发掘了九座城市，并最终挖到了两座爱琴海古城：迈锡尼和梯林斯。这样，歇业商人谢里曼就成了发现爱琴文明的第一人，其发现在世界文明史中有着重要意义。

此时，人们才明白为什么谢里曼要花费那么多时间去赚钱，因为像许多事业一样，考古研究需要大量的资金投入，也需要衣食无忧的心态。

著名的糕点企业好利来的老板罗红，与谢里曼一样，是颇懂迂回思维的。罗红的梦想并不是做企业家，而是摄影。为了实现自己的梦想，经济拮据的他也像谢里曼一样，选择了先赚钱。

20世纪90年代初期，年轻的罗红拥有了属于自己的第一台照相机。他记得它的价格是1700元。罗红知道，他不能靠着一台相机吃饭，在20世纪90年代，生存与更好地生存比精神需求来得更迫切也更实在。他把相机暂且包起来，选择了一个与梦想迂回但与生存靠得最近的职业：糕点师。

罗红用了7年的时间将一间蛋糕店发展为一个价值1.5亿元的大型食品加工厂。在一切稳定之后，他重新拿起相机回归摄影。和身家亿万的富豪比起来，那才是他的"光荣与梦想"。

他出生入死，深入危险地带和无人区，去捕捉动物的美丽。他在镜头里与金钱豹对视，他在雪山之巅仰望飞鸟，他知道乞力马扎罗大象的哀愁，他和奔跑而来的斑马不期而遇。

在连续9次进入非洲之后，他终于知道了几点与长颈鹿"约会"，几点可以拍到角马的"演出"。他也终于知道，那是比创业更惊险刺激的行程，心总像被奶油裹着，安稳而甜蜜。可是在周围堆满奶油蜜糖的店与厂里，他从未有过这样的感受。

他的照片被挂在北京地铁里，那些姿态轻盈眼神静谧的动物在非洲炫目的色彩中与都市里的人默默相望，有一种蛋糕一样的柔美气息与梦幻气质。

驻非某大使与夫人在地铁里看到它们，把他的作品推荐到了联合国环境规划署。2006年6月5日，联合国环境规划署为他举办了个人影展，作为在内罗毕举办的世界环境日系列纪念活动的主题活动之一。

2006年初，他宣布让出好利来总经理职位，把自己的身份彻底从糕点师改为摄影师。先生存再追梦，他用迂回的方式实现了理想。

如果说，平面上是两点之间直线最短，那么在现实生活中，更多的时候却是曲线最短。

特别是在人与人的关系及做事情的过程中，我们常常会遇到问题和麻烦，我们很难直截了当就把事情做好：我们有时需要等待，有时需要合作，有时需要技巧。并不一定要硬挺、硬冲，我们可以选择有困难绕过去，也许这样做事情更加顺利。记住，善于迂回，是人生成熟的表现。

"临渊羡鱼，不如退而结网"，"工欲善其事，必先利其器"，既是调整思维的最好说明，也是对迂回思维的写照。

迂回不是退缩不前，而是为了寻找前进的有效方法，是为了"以退为进"。

大山之所以壮美，就在于它连绵起伏的迂回之美。人生其实就如那山，一样由于迂回而美丽。

精细思维：关注细节，小举动能赢得大成就

为人处世，人们都爱说大，比如要做个大写的人，要成大器，要做大师，企业则要做大……其实我们还需要精细思维，否则我们要的"大"，只不过是空谈。

什么是精细思维呢？精，就是更好、更优，精益求精；细，就是更加具体，更加确切，更加有条理。

精细思维，就是重细节、重过程、重具体、重落实、重质量、重效果，专注地做好每一件事，在每一个细节上精益求精、力争最佳。

应当说明，细节真的不是"细枝末节"，而是用心，用一种认真的态度和科学的精神来做事。

精细思维，就是要用心，看到细节，看到细节背后事物的内在联系，做好细节，从而成功地达到目标。

不要说做细难，其实在实际操作过程中，做细有限度，而用心无止境。因为事情做细是有标准的，不是随意定的，标准就是根据需求及自身的能力来确定，故做细是有限度的。用心则不然，要看到细节背后的东西，看到事物之间的内在联系，从而把握事物的实质及其发展规律。

20世纪中期，苏联航天员加加林的名字，在那个年代可以说是如雷贯耳，他随载人宇宙飞船一同遨游太空的出色表现赢得了世人的赞扬。

不过，当初在选择随同载人宇宙飞船一起遨游太空的人选时，符合条件的航天员除加加林外，还有季托夫、涅留波夫。

人们不禁要问，加加林究竟以什么样的优势赢得了决策者的青睐呢？原因很简单，与其他优秀的航天员相比，加加林在进入宇宙飞船之前，轻轻地脱下了自己的鞋子，只穿着袜子进入了座舱。就是这个在很多人看来微不足道的举动一下子打动了决策人员。这个细节凸显了他平时追求完美的优点，还感受到了他对宇宙飞船的无比珍爱。要知道，他对宇宙飞船的珍爱实际上就是对这些设计人员的尊敬，同时也是对航天事业的热爱。

加加林这一举动虽小，但绝不是偶然的，而是其长期以来对细节重视的必然结果，也正是这种长期以来对细节的重视为其赢得了必然的伟大成就。

所有看似偶然的幸运其实都是长期积累的必然结果。勿以善小而不为，勿以恶小而为之，这是古人从无数人的经历中用鲜血和生命总结出来的教训。

在英国民间流传着这样一首歌谣：

缺了一枚铁钉，掉了一只马掌；

掉了一只马掌，失去一匹战马；

失去一匹战马，损了一位骑兵；

损了一位骑兵，丢了一次战斗；

丢了一次战斗，输掉一场战役；

输掉一场战役，毁了一个王朝。

这首歌谣反映的是战场上的一个真实事件。

在1485年，英国国王到波斯沃斯征讨与自己争夺王位的里奇蒙德伯爵。

然而在决战开始的前一天，国王责令全军将士都要严整军容，并且要把所有的战斗工具调整到最好的状态，比如，确保足够的盾牌和长矛数量，使自己的钢刀更加锋利，以及使自己的战马更加勇往直前等。一位叫杰克的毛头小伙子在这场战役中担任国王的御用马夫。他牵着国王最钟爱的战马来到了铁匠铺里，要求铁匠为这匹屡建奇功的战马钉上马掌。

由于最近战事频繁，铁匠铺的生意很红火，铁匠对这个年轻的马夫有些怠慢。身为国王的马夫，杰克当然容不得对方的这种轻视态度，于是他端着架子对铁匠说："你知道这匹马的主人是谁吗？你知道这匹战马将要立下怎样的战功吗？告诉你，这可是国王的战马，明天国王就要骑着它打败里奇蒙德伯爵。"铁匠再也不敢怠慢眼前的小马夫了,他把马牵到棚子里开始为马钉马掌。

钉马掌的工作其实很简单,而且铁匠的技艺相当高。但是这次,就在为国王的御用战马钉马掌的这一刻,他却感到了为难,原来他手中的铁片不够了。于是他告诉马夫需要等一会儿,自己要到仓库中寻找一些能用于钉马掌的铁片。可是马夫杰克却很不耐烦,他说:"我可没有那么多时间等你,里奇蒙德伯爵率领的军队正在一步一步地向我们逼近,耽误了战斗,无论你还是我都承担不起责任。"看到铁匠愁眉苦脸的样子,他又说:"你可以随便找其他一些东西来代替那种铁片嘛。难道在你偌大个铁匠铺里就找不到这样一些东西吗?"杰克的话提醒了铁匠,他找到一根铁条,当铁条被横截之后,正好可以当成铁片用。

铁匠将这些铁片一一钉在了战马的脚掌上,可是当他钉完第三个马掌的时候,他发现又有新问题出现了——这一次是钉马掌用的钉子用完了,这不能怪铁匠储备的东西不够丰富,实在是战争中需要用的铁制工具太多了。铁匠只好再请求马夫等一会儿,等自己砸好铁钉再把马掌钉好。马夫杰克实在是等不及了,让铁匠再凑合凑合算了,铁匠告诉他恐怕不牢固,但马夫坚持不愿意再等了。这匹战马就这样带着一个缺少了钉子的马掌离开铁匠铺,载着国王冲到了战斗的前沿。

最后的结果就如同那首歌谣唱的那样,国王在骑着战马冲锋的时候,没有钉牢的马掌忽然掉落,战马随即翻倒,国王滚下马鞍被伯爵的士兵擒住,这场战役以国王的彻底失败而告终。

千里之堤,溃于蚁穴。一个庞大的王朝,就这样毁于一根铁钉上。因此,我们在做事时千万要留心细节,不可随便。小细节,大智慧,细节中常蕴含奇迹。

有一次,朋友给我出了一道考题:假如白糖每斤的价格为0.84元,火柴每盒的价格为0.02元。那么,请问,现在给你0.84元,你能不能用它买到1斤白糖和2盒火柴。

我一看,愣住了,这怎么可能呢?虽然我不是学经济的,但市场遵循的是等价交换的原则，俗话说"一分钱一分货"，世界上哪有这么好的事，少花钱，想多买东西。我说："你这是跟我玩脑筋急转弯吧。""不是脑筋急转弯，这是一家公司面试的题目，据说答上来年薪百万。"朋友解释说。"这怎么可能呢？"我很吃惊，看来我只有拿几千的头脑。此时，我看了朋友一眼，只见他诡秘地一笑："这个世界上一切都有可能，只有想不到，没有做不到。""别吹牛了，那你说该怎么买？"

我迫不及待地想知道方法，便说："别绕弯子了，赶快告诉我吧。""你这么懒得动脑筋，我不能告诉你。""通货膨胀时就能买到。"我答道。朋友一听，大笑着说："笨蛋，你又不想想，通货膨胀时，货币贬值，钱不值钱。"我突然觉得自己太没智商了，急忙说："当商品，也就是白糖和火柴供大于求时，就能买到。"朋友又笑道："傻帽，题目中不是说好它们的价格了吗？""那我真的想不出来。你还是告诉我怎么买吧。"这时，朋友终于告诉我："其实答案很简单，就是分10次在10个不同的地方，每次只买一两，8分4厘，根据四舍五入的原则，你每次就能省出0.004元，10次就是0.04元，恰好能买两盒火柴。"当然，这只是理论上的答案，却说明了一个深刻的道理。

几年前曾读过这样一个招聘故事，至今仍记忆犹新，觉得故事放在现在依然会有启发。

某公司招聘一名采购员，经过几轮测试后，只留下了3名优胜者，分别是甲、乙、丙。最后一轮面试，老总亲自提出了几个问题，每个人的回答都独具特色，非常令人满意。

面试的最后一道题是笔试题，题目是：公司要是派你到某工厂采购4999个信封，你会向公司申请多少资金？

没过多久，大家都高兴地交了答卷。

甲的答案是430元。老总问："你是怎么计算的呢？"

"就当采购5000个信封计算，可能是要400元，其他杂费就算30元吧！"甲对答如流。

老总二话没说，又问乙，乙的答案是415元。

乙解释说:"假设5000个信封,大概需要400元,另外的杂费可能需用15元。"

老总还是没表态,最后拿起了丙的答卷,见上面写的是419.42元,仍然要求丙解释一下答案。

丙说:"信封每个8分钱,4999个是399.92元。从公司到某工厂,乘车来回票价10元。午餐费5元。从工厂到汽车站有一里半路,需要请一辆三轮车搬信封,需要花费4.5元。因此,最后总费用为419.42元。"

老总终于露出了笑容,让丙第二天来上班。

凡事不可不认真,认真是人生的一种心态,天下大事必做于细,小举动能赢得大成就。

很多人整天忙忙碌碌,很容易犯下忽略细节的错误。我们总觉得人生何其漫长、追求的事业何其伟大,"成大事者不必拘小节",可是我们却没有意识到,任何伟大事业的成功都是由无数个不起眼的细节积累而成的。不注重细节使得我们无数次与成功失之交臂。

因此,我们千万不要忽视生活中的小事情。《诵戒序》上说:"勿轻小过,以为无殃;水滴虽微,渐盈大器。"全国劳动模范李素丽说:"认真做事只是把事情做对,用心做事才能把事情做好。"惠普创始人戴维·帕卡德说:"小事成就大事,细节成就完美。"

第三章 用强大的思维为自己奠定认知

人生是一个不断适应环境的过程，
适应环境的过程就是人与环境相互作用的过程，
而这一相互作用的过程即思维——也是人与环境之间的联系。
因此，我们认为人适应环境的过程（或人与环境相互作用的过程）
就是思维具体化的过程，
思维在这一过程中不断地运用，
不断地形成，不断地发展，不断地完善，
而人正是作为这一过程的产品与结果而存在。

逆转思维越强，成功率就越高

鲁迅曾说："其实世上本没有路，走的人多了，也便成了路。"从另一方面来说，生活中，只会盲从他人，不懂得另辟蹊径者，将很难赢取属于自己的成功和荣耀。

其实，我们不一定非要拘泥于这条路有没有人走过。人生的道路本来就有千条万条，条条大路都能通向"罗马"，每条路都是我们的选择之一。所以一旦这条路行不通，不要犹豫，立即换一条路，即使这条道上行人稀少、环境恶劣，但这往往就是通向成功之路。三百六十行，行行出状元，做某件事特别吃力时，千万不要强求自己，否则只会越来越糟，耽误时间不说，还误了美好前程。

一位叫王敏的姑娘，长得端庄秀丽，她表姐是外企职工，收入颇高，工作环境也很好，她对王敏的影响很大。王敏也想走进这个阶层，像表姐一样在外企工作，过上优越的生活。无奈她的外语水平太差，单词总是记不住，语法也总是弄不懂。马上要面临高考了，她想报考外语专业，可越着急越学不好。

她将所有时间都押在外语上了，其他科目全部放弃。由于只有一条路，她整天担心一旦考不上外语系该怎么办，而全无心思专心学习。

人生的很多时候都是这样的，当你专注一条路，往往忽略了其他的选择。而如果你选择的那条路不是自己擅长走的，那么心理上的压力会让你变得更加茫然，更加找不到方向，你可能因此而进入一种选择上的误区。

虽然"白日梦"是青春期常见的心理现象,但整天沉醉于其中的人,往往是那些对现状不满意又无力改变的人。因为"白日梦"可以使人暂时忘记不如意的现实,摆脱某些烦恼,在幻想中满足自己被人尊敬、被人喜爱的需要。在"梦"中,"丑小鸭"变成了"白天鹅",这对智者来说是一生的动力,他们会由此梦出发,立即行动,全力以赴朝着这个美梦努力,而一步步使梦想成真;但对于弱者来说,"白日梦"不啻一个陷阱,他们在此处滑下深渊,无力自拔。

如何走出深渊呢?首先,要有勇气正视不如意的现实,并学会管理自己。这里教给你一个简单而有效的方法,就是给自己制定时间表。先画一张周计划表,把第一天至少分为上午、下午和晚上三格,然后把你在这一周中需要做的事统统写下来,再按轻重缓急排列一下,把它们填到表格里。每做完一件事情,就把它从表上划掉。到了周末总结一下,看看哪些计划完成了,哪些计划没有完成。这种时间表对整天不知道怎么过的人有独特的作用,因为当你发现有很多事情等着做,而且,当你做完一件事有一种踏实的感觉时,就比较容易把幻想变为行动了。你用做事挤走了幻想,并在做事中重塑了自己,增强了自信。

另外要有敢于放弃的勇气和决心,梦是美好的,但毕竟是梦。与其在美梦中遐想,不如另辟他途,走出一条适合自己的路,所以该放弃就放弃,千万不要有丝毫的犹豫和留恋,并迅速踏上另一条通向"罗马"的旅途。

《智慧禅》里有一则故事:有位老婆婆有两个儿子,大儿子卖伞,小儿子卖扇。雨天,她担心小儿子的扇子卖不出去;晴天,她担心大儿子的生意难做,终日愁眉不展。

一天,她向一位路过的僧人说起此事,僧人哈哈一笑:"老人家你不如这样想:雨天,大儿子的伞会卖得不错;晴天,小儿子的生意自然很好。"

老婆婆听了,破涕为笑。

悲观与乐观,其实就在一念之间。

世界上什么人最快乐呢?犹太人认为,世界上卖豆子的人应该是最快乐的,因为他们永远也不用担心豆子卖不完。

假如他们的豆子卖不完，可以拿回家去磨成豆浆，再拿出来卖给行人；如果豆浆卖不完，可以制成豆腐；豆腐卖不成，变硬了，就当作豆腐干来卖；而豆腐干卖不出去的话，就把这些豆腐干腌起来，变成腐乳。

还有一种选择是：卖豆人把卖不出去的豆子拿回家，加上水让豆子发芽，几天后就可改卖豆芽；豆芽如果卖不动，就让它长大些，变成豆苗；如果豆苗还是卖不动，再让它长大些，移植到花盆里，当作盆景来卖；如果盆景卖不出去，那么再把它移植到泥土中去，让它生长，几个月后，它结出了许多新豆子。一颗豆子现在变成了上百颗豆子，想想那是多么划算的事！

一颗豆子在遭遇冷落的时候，可以有无数种精彩选择。人更是如此，当你遭受挫折的时候，千万不要丧失信心，稍加变通，再接再厉，就会有美好的前途。

条条大路通罗马，不同的只是沿途的风景，而在每一种风景中，我们都可以发现独一无二的精彩。

有一位失败者非常消沉，他经常唉声叹气，很难调整好自己的心态，因为他始终难以走出自己心灵的阴影。他总是一个人待着，脾气也慢慢变得暴躁起来。他没有跟其他人进行交流，更没有把过去的失败统统忘掉，而是全部锁在心里。但他并没有尝试着去寻找失败的原因，因此，虽然始终把失败揣在心里，却没有真正吸取失败的教训。

后来，失败者终于打算去咨询一下别人，希望能够帮自己摆脱困境。于是，他决定去拜访一名成功者，从他那里学习一些方法和经验。

他和成功者约好在一座大厦的大厅见面，当他来到那个地方时，眼前是一扇漂亮的旋转门。他轻轻一推，门就旋转起来，慢慢将他送进去。刚站稳脚步，他就看到成功者已经在那里等候自己了。

"见到你很高兴，今天我来这里主要是向你学习成功的经验。你能告诉我成功有什么窍门吗？"失败者虔诚地问。

成功者突然笑了起来，用手指着他身后的门说："也没有什么窍门，其实你可以在这里寻找答案，那就是你身后的这扇门。"

失败者回过头去看，只见刚才带他进来的那扇门正慢慢地旋转着，把外面的人带进来,把里面的人送出去。两边的人都顺着同一个方向进进出出,谁也不影响谁。

"就是这样一扇门,可以把旧的东西放出去,把新的东西迎进来。我相信你也可以做到,而且会做得更好!"成功者鼓励他说。

失败者听了他的话,也笑了起来。

失败者与成功者的最大区别是心态的不同。失败者的心态是消极的,终日沉湎于失败的往事,被痛苦的阴影笼罩,无法解脱;而成功者的心态是开放的、积极的,能从一扇门领悟到成功的哲理,从而取得更多的成就。

心随境转,必然为境所累;境随心转,红尘闹市中也有安静的书桌。人生像一张白纸,色彩由每个人自己选择;人生又像一杯白开水,放入茶叶则苦,放入蜂蜜则甜,一切都在自己的掌握中。

上山的是好汉，下山的也是英雄

人们习惯于对爬上高山之巅的人顶礼膜拜，把站在高山之巅的人看作偶像、英雄，却很少将目光投放在下山的人身上。这是人之常理，但是实际上，能够及时主动地从光环中隐退的下山者也是"英雄"。

有很多人把"隐退"当成"失败"。非常多的例子表明，对于那些惯于享受欢呼与掌声的人而言，一旦从高空中掉落下来，就像是艺人失掉了舞台，将军失掉了战场，往往因为一时难以适应，而自陷于绝望的谷底。

心理专家分析，一个人若是能在适当的时间选择做短暂的隐退（不论是自愿还是被迫），都是一个很好的转机，因为它能让你留出时间观察和思考，使你在独处的时候找到自己内在真正的世界。

唯有离开自己当主角的舞台，才能防止自我膨胀。虽然失去掌声令人惋惜，但换一种思维看问题，心理专家认为，"隐退"就是进行深层学习。一方面挖掘自己的阴影，一方面重新上发条，平衡日后的生活。当你志得意满的时候，是很难想象没有掌声的日子的。但如果你要一辈子获得持久的掌声，就要懂得享受"隐退"。

作家班塞说过一段令人印象深刻的话："在其位的时候，总觉得什么都不能舍，一旦真的舍了之后，又发现好像什么都可以舍。"曾经做过杂志主编，翻译出版过许多知名畅销书的班塞，在他事业巅峰的时候退下来，选择当个自由人，重新思考人生的出路。

40岁那年，欧文从人事经理被提升为总经理。三年后，他自动"开除"

自己，舍弃堂堂"总经理"的头衔，改任没有实权的顾问。

正值人生最巅峰的阶段，欧文却奋勇地从急流中跳出，他的说法是："我不是退休，而是转进。"

"总经理"三个字对多数人而言，代表着财富、地位，是事业、身份的象征。然而，短短三年的总经理生涯中，令欧文感触颇深的，却是诸多的"无可奈何"与"不得已而为之"。

他全面地打量自己，他的工作确实让他过得很光鲜，周围想巴结自己的人更是不在少数，然而，他其实活得并不开心。这个想法，促使他决定辞职。"人要回到原点，才能更轻松自在。"他说。

辞职以后，司机、车子一并还给公司，应酬也减到最少。不当总经理的欧文，感觉时间突然多了起来。他把大半的精力用于写作，抒写自己在广告领域多年的观察与心得。

"我很想试试看，人生是不是还有别的路可走。"他笃定地说。

欧文在写作上很有天分，而且多年的职场经历为他积累了大量素材。现在欧文已经是某知名杂志的专栏作家，其间还完成了两本管理学著作，欧文迎来了他人生的第二次辉煌。

事实上，"隐退"很可能只是转移阵地，或者是为了下一场战役储备新的能量。但是，很多人认不清这点，反而一直缅怀着过去的荣光，他们始终难以忘情"我曾经如何如何"，不甘于从此做个默默无闻的小人物。走下山来，你同样可以创造辉煌，同样是个大英雄！

不做无谓的坚持，要学会转弯

　　生活中很多再平常不过的事情中其实都有禅理，只是疲于奔波的众生早已丧失了于细微处一探究竟的兴趣和能力。佛家说，其实今天的我们已经不再是昨天的我们，为了在今天取得进步、重建自我就必须放下昨天的自己；为了迎接新兴的，就必须放下旧有的。想要喝到芳香醇郁的美酒就得放下手中的咖啡，想要领略大自然的秀美风光就要离开喧嚣热闹的都市，想要获得如阳光般明媚开朗的心情就要驱散昨日烦恼留下的阴霾。

　　放得下是为了包容与进步，放下对个人意见的执着才能包容，放下今日旧念的执着才会进步。表面看来，放下似乎意味着失去，意味着后退，其实在很多情况下，退步本身就是在前进，是一种低调的积蓄。

　　一位学僧斋饭之余无事可做，便在禅院里的石桌上作起画来。画中龙争虎斗，好不威风，只见龙在云端盘旋将下，虎踞山头作势欲扑。但学僧画来抹去几番修改，仍是气势有余而动感不足。正好无德禅师从外面回来，见到学僧执笔前思后想，最后还是举棋不定，几个弟子围在旁边指指点点，于是就走上前去观看。学僧看到无德禅师前来，就请禅师点评。无德禅师看后说道："龙和虎外形不错，但其秉性表现不足。要知道，龙在攻击之前，头必向后退缩；虎要上前扑时，头必向下压低。龙头向后曲度越大，就能冲得越快；虎头离地面越近，就能跳得越高。"学僧听后非常佩服禅师的见解，于是说道："老师真是慧眼独具，我把龙头画得太靠前，虎头也抬得太高，怪不得总觉得动态不足。"无德禅师借机说："为人处世，亦如同参禅的道理。退却一步,才能冲得更远;谦卑反省,才会爬得更高。"另外一位学僧有些不解,问道:"老师!退步的人怎么可能向前?谦卑的人怎么可能爬得更高?"无德禅师严肃地对他说:"你们且听我的诗偈:'手把青秧插满田,低头便见水中天。身心清净方为道,退步原来是向前。'你们听懂了吗?"学僧们听后,点头,似有所悟。

无德禅师此刻在弟子们心中插满了青秧,不知弟子们看见了秧田的水中天否?进是前,退亦是前,何处不是前?无德禅师以插秧为喻,向弟子们揭示了进退之间并没有本质的区别这个道理。做人应该像水一样,能屈能伸,既能在万丈崖壁上挥毫泼墨,好似银河落九天,又能在幽静山林中蜿蜒流淌,自在清泉石上流。

佛陀在世时,受到世人敬仰与称赞。有一个人对此颇为不服,终日咒骂,有一天,这个人索性跑到了佛陀面前,当着他的面破口大骂。但是,无论他的言语多么不堪入耳,佛陀始终沉默相对,甚至面带微笑。终于,这个人骂累了。他既暴躁又不解,不知道佛陀为何不开口说话。佛陀似乎看到了他心中的困惑,对他说:"假如有人想送给你一件礼物,而你不喜欢,也并不想接受,那么这件礼物现在属于谁呢?"这个人不明白佛陀的意思,略一思量,回答道:"当然还是属于要送礼物的这个人。"佛陀笑着点头,继续问他:"刚才你一直在用恶毒的语言咒骂我,假如我不接受你的这些赠言,那么,这些话属于谁呢?"他一时语塞,方才醒悟到自己的错误,于是他低下头,诚恳地向佛陀道歉,并为自己的无礼而忏悔。

"退一步海阔天空"并非一句空话,佛陀并未因为他人对自己的无礼而气愤,反而沉默相对,似乎在步步后退,当这个人心生困惑时甚至耐心地予以开释。他人步步进逼,而佛陀却始终淡然处之。有退有进,以退为进,绕指柔化百炼钢,也是人生的大境界。

人生之旅,坎坷颇多,难免直面矮檐,遭遇逼仄。弯曲,是一种人生智慧。在生命不堪重负之时,适时适度地低一下头,弯一下腰,抖落多余的负担,才能够走出屋檐而步入华堂,避开逼仄而迈向辽阔。

孟买佛学院是印度著名的佛学院之一,其建院历史悠久,培养出了许多著名的学者。它有一个特点是其他佛学院所没有的，这本是一个极其微小的细节，但是，所有学员都无一例外地承认，正是这个细节使他们顿悟，也正是这个细节让他们受益无穷。

这是一个被很多人忽视的细节：孟买佛学院在它正门的一侧，开了一个小门，这个门非常小，一个成年人要想过去必须弯腰侧身，否则就会碰壁。

其实，这就是孟买佛学院给学生上的第一堂课。所有新来的人，老师都会引导他到这个小门旁，让他进出一次。很显然，所有人都是弯腰侧身进出的，尽管有失礼仪和风度，却达到了目的。老师说，大门虽然能够让一个人很体面很有风度地出入，但很多时候，人们要出入的地方，并不都有方便的大门，或者，即使有大门也不是可以随便出入的。这时，只有学会了弯腰和侧身的人，只有暂时放下面子和虚荣的人，才能够出入。否则，你就只能被挡在院墙之外。

孟买佛学院的老师告诉他们的学生，佛家的哲学就在这个小门里。

其实，人生的哲学何尝不在这个小门里。人生之路，尤其是通向成功的路上，几乎是没有宽阔的大门的，绝大多数的门都需要弯腰侧身才可以进去。因此，在必要时，我们要能够学会弯曲，弯下自己的腰，才可得到生活的通行证。

人生之路不可能一帆风顺，难免会有风起浪涌的时候，如果迎面与之搏击，就可能会船毁人亡，此时何不退一步，先给自己一个海阔天空，然后再图伸展。

妙善禅师是世人景仰的一位高僧，被称为"金山活佛"。他于1933年在缅甸圆寂，其行迹神异，又慈悲喜舍，所以，直至现在，社会上还流传着他难行能行、难忍能忍的奇事。

《智慧禅》里有一则故事：在金山寺旁有一条小街，街上住着一个贫穷的老婆婆，与独生子相依为命。偏偏这儿子忤逆凶横，经常喝骂母亲。妙善禅师知道这件事后，常去安慰这老婆婆，和她说些因果轮回的道理。逆子非常讨厌禅师来家里，有一天起了恶念，悄悄拿着粪桶躲在门外，等妙善禅师走出来，便将粪桶向禅师兜头一盖，刹那间腥臭污秽淋满禅师全身，引来了一大群人看热闹。

妙善禅师却不气不怒，一直顶着粪桶跑到金山寺前的河边，才缓缓地把粪桶取下来，旁观的人看到他的狼狈相，哄然大笑。妙善禅师毫不在意地道："这有什么好笑的？人本来就是众秽所集的大粪桶，大粪桶上面加个小粪桶，有什么值得大惊小怪的呢？"

有人问他："禅师，你不觉得难过吗？"

妙善禅师道："我一点儿也不会难过，老婆婆的儿子以慈悲待我，给我醍醐灌顶，我正觉得自在哩！"

后来，老婆婆的儿子为禅师的宽容感动，改过自新，向禅师忏悔谢罪，禅师高兴地开释了他。受了禅师的感化，逆子从此痛改前非，以孝闻名乡里。

妙善禅师将身体看作大的粪桶，加个小的粪桶也不稀奇。这种认识正是他高尚人格和道德慈悲的表现，而正是这一刻他弯下了腰，忍住了屈辱，才感化了忤逆的年轻人。

为人处世，参透屈伸之道，才能进退得宜，刚柔并济，无往不利。能屈能伸，屈是能量的积聚，伸是积聚后的释放；屈是伸的准备和积蓄，伸是屈的志向和目的；屈是手段，伸是目的；屈是充实自己，伸是展示自己；屈是柔，伸是刚；屈是一种气度，伸更是一种魄力。伸后能屈，需要大智；屈后能伸，需要大勇。屈有多种，并非都是胯下之辱；伸亦多样，并不一定叱咤风云。屈中有伸，伸时念屈；屈伸有度，刚柔并济。

人生有起有伏，当能屈能伸。起，就起他个直上云霄；伏，就伏他个如龙在渊；屈，就屈他个不露痕迹；伸，就伸他个清澈见底。这是多么奇妙、痛快、潇洒啊！

肯定自己的价值

有个著名的演说家要开始演讲了，只见他信步走上讲台，一句话没说，只在手里高举着一张崭新的20美元钞票。

顿时，演讲厅里的500多个人都不禁露出惊讶的表情，只听演说家问道："谁想要这20美元？"一只只手举了起来。他接着说："我想把这20美元送给你们中的一位，但在这之前，请准许我做一件事。"紧接着他就将钞票揉成了一团，然后问："这样的话谁还要呢？"话音刚落，就见有人举起手来。但是他并没有立即将钞票送出去，而是又接着说："那么，假如我这样做又会怎么样呢？"只见他把钞票扔到地上，用脚不停地踩来踩去，直到这张钞票变得面目全非，又脏又皱，而后他拾起钞票，不慌不忙地问："现在谁还要？"还是有人举起手来。

这时，大家开始议论起来，不知道他到底有什么用意。等声音渐渐平静下来，他开始微笑地说道："朋友们，你们都很棒，而且你们已经上了一堂很有意义的课，那就是无论我如何对待那张钞票，你们依然想得到它，因为不管怎样，它依旧值20美元。这就像我们的人生，我们会无数次被困难击倒，甚至被碾得粉身碎骨。许多时候我们觉得自己一文不值、一无所有，但无论发生什么，或将要发生什么，在上帝的眼中，我们永远不会丧失价值。在他看来，肮脏与否，新旧与否，都不会影响你依然是一件无价之宝。"

我们生命的价值不是取决于外界，而是取决于我们自身！然而很多人往往自己贬低自己的价值，一旦遇到困难便觉得自己力量很渺小，觉得没有希望走出困境。其实，我们力量的大小不是取决于困难的大小，而是取决于我们的信心有多大。人生最大的悲哀莫过于看不到自身的价值，许多人谈论某位企业家、某位世界冠军、某位电影明星时，总是赞不绝口，可是一联系到自己，便一声长叹："我不是成才的料！""我没有那个命啊！"他们认为自己没有出息，不会有出人头地的机会，理由是"生来比别人笨""没有高级文凭""缺乏可依赖的社会关系""没有好的运气"等等。其实这些都不是最主要的，要获得成功首先必须看到自身所蕴藏的巨大力量。

一户富豪家有三个女儿，前两个女儿既聪明又漂亮，都是被人用万两黄金作聘礼娶走的。然而第三个女儿到了出嫁的时候，虽然前去提亲者众多，却一直没有人肯出万两黄金来娶她，因为她长得不但很丑，而且非常懒惰。就这样，两年时间过去了，她还没有找到婆家，后来有一个远乡来的游客去提亲，他对富豪说："我愿意用万两黄金换你的女儿。"富豪非常高兴，把女儿嫁给了外乡人。

过了几年，富豪去看自己远嫁他乡的三女儿。没想到，女儿竟能亲自下厨做美味佳肴来款待他，而且从前的丑女孩变成了一个气质超俗的漂亮女人。富豪很震惊，他偷偷地问女婿："难道你是巫师吗？你是怎么把她调教成这样的？"女婿说："我没有调教她，我只是始终坚信你的女儿值万两黄金，所以她就一直按照万两黄金的标准来做了，就这么简单。"

如果你觉得你能，你就能。原本丑陋且懒惰的女孩因为他人的肯定变成了漂亮女人，同时，这变化之大也无不与自我肯定有关。外界的肯定只是一种引导，自身的肯定才是真正重要的因素，如果这个三女儿始终自惭形秽，无论如何都无法自信起来，那她就不会成为一个优雅的美人。

生活中我们不难发现这样一个现象：童年时代被夸聪明懂事的孩子，长大之后往往学有所成，而且依然聪明懂事，并且很少做坏事；而那些从小就被父母邻居认为调皮捣蛋的孩子，长大后往往游手好闲，打架斗殴，甚至成为罪犯。

从小被认为聪明懂事的孩子，其自身也相信自己是个聪明懂事的人，于是他总是努力按照这个标准来要求自己，尽力使自己的行为名副其实，最终使自己成为自己相信的那种人。而那些被认为"坏"的孩子呢？在他们心中，他们相信自己是个坏孩子，于是就会慢慢地按照这个坏的标准去做，也就真的养成了恶劣的品质。我们每个人的心目中都有各自为人的标准，我们常常把自己的行为同这个标准进行对照，并据此指导自己的行动。

所以，我们要使某个人成为什么样的人，就应该按照这个标准来帮助他提高自信心，修正他心目中的做人标准。

还有一个故事，非常值得那些自认为一无是处、毫无价值的人听听。

一只小刺猬和一只小松鼠是邻居，可是小刺猬总是待在家里，很少出来找小松鼠，连招呼都不打。而小松鼠比较开朗、乐观，一天小松鼠对小刺猬说："小刺猬，你为什么整天待在家里不出来呢？"乐观的小松鼠站在刺猬的洞口呼唤它矜持的邻居。

很久，里面才传来小刺猬细微的声音："我害怕看到别人！"

"那有什么好怕的，其实它们都很友好，没有一个人看不起你，而且都希望和你成为朋友！"小松鼠劝慰说。

小刺猬接下来说："我知道，但是我长得很难看，我全身长满了刺，样子很吓人，你们会不喜欢我的！"

"谁说的啊，长刺就不好吗？你的刺可以保护我们，再说朋友之间还是需要有点距离的，这是你的优点啊！"小松鼠兴奋地叫道。

"可我没有你那么能说会道，我能和别人聊点什么呢？"刺猬探出头，羞得满面通红。

"你的口才也很好啊，看你为自己找起借口来多能说！"松鼠开玩笑地说，"随便说什么都行，我们俱乐部的朋友都是随便聊的，在那里你还可以享受美味的蜂蜜，说不定大家还会推选你去保卫部任职呢！"

从此，小刺猬再也不待在屋里了，它终于走出屋门，而且很快成了大家喜欢的伙伴。

许多时候我们自认为一无是处、渺小无比，把自己当成不受欢迎的刺猬，悄悄地躲在洞穴里，其实，如果你能摆正心态，肯定自身的价值，那么你就会充满自信地生活。我们自身的价值完全依靠我们自己的肯定，而不是否认和贬低。

新的学期开始了，一位教育学家让校长把三位教师叫进办公室，对他们说："根据你们过去的教学表现，你们是本校最优秀的老师。因此，我们特意挑选了100名全校最聪明的学生组成三个班让你们教。这些学生的智商比其他孩子都高，希望你们能让他们取得更好的成绩。"

三位老师一听，都非常高兴，而且都一致表示一定会尽心尽力。校长又叮嘱他们说，对待这些孩子，要像平常一样，不要让孩子或孩子的家长知道他们是被特意挑选出来的。老师们都答应了。

一年之后，这三个班的学生成绩果然排在整个学区的前列。这时，校长告诉了老师们真相：这些学生并不是刻意选出的最优秀的学生，只不过是随机抽调的最普通的学生。老师们没想到会是这样，都认为自己的教学水平确实高。这时校长又告诉了他们另一个真相，那就是，他们也不是被特意挑选出的全校最优秀的教师，只是随机抽调的普通老师罢了。

这个结果在教育学家的意料之中：这三位教师都认为自己是最优秀的，并且学生又都是高智商的，因此对教学工作充满了信心，工作自然非常卖力，结果肯定非常好了。

很多人总是喜欢否定自己，他们认为自己力量小，很难干成大事，其实在做任何事情以前，如果能够充分肯定自我，肯定自己的价值，就等于已经成功了一半。许多人很多时候都处于同样的起跑线上，有着同样大小的力量，只是那些成功的人较早地看到了自己的价值并且肯定了自己的价值，于是他们也就较早地取得了成功。而那些落后者之所以没有成功，就是因为他们从没有肯定过自己，相信过自己，一个连自己都不敢相信不敢肯定的人何谈成功呢？所以，在人生路上，当你面对挑战时，不妨告诉自己你就是最优秀和最聪明的，那么结果肯定是另一个模样。

知道自己是谁

人要获得成功,首先要有自知之明,而很多自命不凡者往往不知道自己是谁,因而在自我陶醉中走向自傲,走向麻痹大意,结果饱尝失败苦果。

一位老渔民在海上打鱼打了几十年,有个年轻人看着他那从容不迫的样子,心里十分羡慕。

有一天,年轻人若有所思地看着远处的海,突然想听听老人对海的看法。他说:"海是够伟大的了,滋养了那么多的生灵……"

老人说:"那么你知道海为什么那么伟大吗?"

年轻人说因为海纳百川。

老人说:"海之所以那么伟大,全在于海知道自己的位置在哪里。海能装那么多水,关键是因为它位置最低。"

要想走向事业的巅峰,任何人都不可自命不凡,都应该去掉身上的毛病。然而现实中有许多人并不能摆正自己的位置,经常为自己取得的一点成绩沾沾自喜,为自己的一点优势而认为老子天下第一,夜郎自大。相反,如果能把自己的位置放得低一些,就会有无穷的动力和后劲。正是老人把位置放得很低,所以能够从容不迫,知足常乐。

有些人对待荣耀无法把持,以致忘乎所以。有的人一旦获得荣耀,就容易忘了自己是谁,并从此自我膨胀。

《三国演义》里的杨修,因为太过自负而导致了杀身之祸。杨修才华横溢,思维敏捷,唯一的不足是不知天高地厚,忘了自己是谁,结果落得一个掉脑袋的下场。有一次，曹操建造一园，造成后，曹操去看时，没有发表任何意见，只挥笔在门上写了一个大大的"活"字，众人不解，只有杨修说："门里添个'活'字，就是'阔'了，丞相嫌这园门太阔了。"众人这才恍然大悟，工匠赶紧翻修。曹操心里非常高兴，但是当他得知是杨修把他的意思"翻译"出来时，嘴上不说，心里却已经开始妒忌杨修了。

还有一次，曹操收到别人送的一盒酥饼，曹操在盒上写了"一合酥"三字便放在一边。杨修看见后，竟招呼众人把这一盒酥分吃了，曹操知道后便责问杨修，杨修回答说："您明明写着'一人一口酥'，我们怎敢违抗您的命令？"曹操心中更加忌妒杨修了。

后来，又发生一个"鸡肋"事件，使杨修彻底走上了死亡之路。刘备攻打汉中，曹操亲率四十万大军迎战，于汉水对峙日久，曹军进退两难。一日，厨师端来鸡汤，曹操正若有所思，见碗底鸡肋，心有所感。这时夏侯惇入帐请教夜间号令。曹操顺口说："鸡肋。"于是，"鸡肋！鸡肋！"的军令便在军中传开了。杨修听到这个号令后便命军士收拾行装、准备撤退。夏侯惇闻讯一惊，忙把杨修请到自己帐中询问，杨修说："鸡肋者，食之无肉，弃之不舍。今进不能胜，退恐人笑，在此无益，来日魏王必班师矣。"夏侯惇仔细一想，觉得很有道理，也命令军士打点行装。曹操知道后，心中不由一颤：好一个聪明如我的杨修啊！今日不除掉你更待何时呢？于是以扰乱军心的罪名将杨修斩了。

有些人一旦得势便忘了自己是谁，肆意炫耀，却不知道身后埋藏着一颗定时炸弹，随时都可让自己走向灭亡，这颗炸弹是别人的嫉妒之心，因为你的气焰盖过了别人，自然就有人对你心生恨意。慢慢地，他们会有意无意地抵制你，让你碰钉子。因此有了荣耀时我们要更加谦卑。不卑不亢不容易，但"卑"绝对胜过"亢"，就算"卑"得过分也没关系，别人看到你如此谦卑，当然不会找你麻烦，和你作对了。

自命不凡的人常常固执己见、唯我独尊。他们听不进别人的只言片语，往往以自我为中心，以为自己的能力强过任何一个人，其实是他们夸大了自己的能力而已。有一定的自信与自尊是好的，但过分了也就变成自高自大。

自我中心者往往爱将自己的意志强加到别人头上，以自己的态度作为别人态度的"向导"，认为别人都应该和他有一致的看法和意见，若稍有异议，就总认为自己正确而别人错误。他们不愿改变自己的态度，即使明知自己错误也是如此。他们自尊心极其强烈，在别人看来微不足道的事情，在他们看来却是极伤面子、极伤自尊心的事情。他们不愿伤自尊心，于是便不择手段地维护自己的自尊心，哪怕对自己并无益处。

所以，我们不应该像乞丐一样，总是在向人乞讨赞美。一个人纵然是天才，也不应该自我吹嘘。我们应该踏实肯干，而让别人去卖弄口舌。你做什么事情应该让人知道，但是不应该到处叫卖。一个人有无才能，不是看其嘴上的说辞，而是在行动中见其真伪。

《童话世界》里有这样一个故事：从前，太阳光秃秃的，特别难看。所以，太阳整天愁眉苦脸，特别伤心。天神知道了这件事情，就特别想帮助它。可是天神没有这样的法力，只好看着太阳伤心了。

一天，太阳到东海边喝水，东海龙王知道了太阳光秃秃的不好看，于是把自己的一件变身法宝给了太阳，并说："你想变漂亮，就必须把法宝飘上天空，许下心愿。"太阳谢过东海龙王后，把法宝飘上天空，许下让自己变漂亮的心愿，太阳一下子变成了五彩颜色，果真实现了它的愿望。

可是，自从太阳变成五彩颜色之后，就非常得意，天天干坏事，天天炫耀自己怎么怎么美，东海龙王知道了这件事，立刻把法宝的力量吸了回去，并且对太阳说："以后，你一定要处处做好事啊！"

这个故事告诉我们一个道理：有成绩不能骄傲，或做人不能骄傲。我们常常批评别人太过骄傲，却看不到自己有着同样的问题，如果你自己没有骄傲之心，就不会觉得别人的骄傲是种冒犯。

骄傲有很多害处，最危险的就是让人变得盲目，变得无知。骄傲会培育并加剧盲目，让我们看不到眼前一直向前延伸的道路，让我们觉得自己已经到达山峰的顶点，再也没有爬升的余地，而实际上我们可能正在山脚徘徊。所以说，骄傲是阻碍我们进步的大敌。同情别人的不幸，更多的是由于骄傲而非善良，我们之所以对他人表示同情并不是我们出于安慰的好心，而在很大程度上是为了显示我们比他人高一筹。

所以，当我们获得荣耀时，对他人要更加客气，荣耀越高，头要越低。另外，别老是提及你的荣耀，不然就变成了一种自我吹嘘，既然你的荣耀大家早已知道，那你何必总是提及呢？

"尺有所短，寸有所长""天外有天，人外有人""强中更有强中手"，不要以为自己比任何人都强，因而以一种傲慢的姿态同别人相处，其实，人人都有胜过自己的一面，如果你肯放下高傲的头颅，那么谁都可以做你的老师。因此，做人万万不要自负，不要独享荣耀，要时刻记得自己是谁，任何时候都以谦虚的姿态做事，说穿了就是不要去威胁别人的生存境况，因为你的自负会让别人变得黯淡，产生一种不安全感。

勇敢地承认自己很重要

在生活中,我们总是把自己放在无关紧要的位置,好像正大光明地承认自己非常重要是一件多么让人害羞,或是不可理喻的事情!

然而,如果你没有正确地认识自己,你对外发出的信号就是:你不重要,你没有价值!他人是通过我们自己来看待我们的!这个信号一经发出,你将会得到更多"你不重要"的回馈!

我们必须改变我们的思想!勇敢地站出来,告诉自己:"我很重要!"

第二次世界大战以后,受经济危机的影响,日本失业率陡然上升。各个工厂为了维持下去,都纷纷开始裁员。有一家食品工厂决定裁掉三分之一的员工。而裁员名单中,有三种人作为最先考虑的裁员对象:第一种是清洁工,第二种是司机,第三种是没有任何技术的仓管人员。这三种人加起来有三十多名。

经理找到这些人,对他们说明了公司的裁员策略和裁员意图。

清洁工说:"我们很重要,如果没有我们这些清洁工每天打扫卫生,保持清洁优美、健康有序的工作环境,环境不知道要糟糕到什么地步,我们的员工如何能够全身心地投入工作?"

司机说:"我们很重要,公司每天生产这么多产品,没有司机怎么能让产品迅速有效地投向市场?"

仓管人员说:"我们很重要,您看,战争刚刚过去,我们很多人还挣扎在温饱线上，如果没有我们这些仓管人员，我们工厂的食品岂不要被流浪街头的乞丐偷光！"

经理听完他们的话，想想确实都有道理，于是决定不裁员了！他派人做了一块大匾挂在工厂门口，只见上面赫然写着："我很重要！"

工人们每天来上班，第一眼看见的就是匾上"我很重要"四个字。工厂上上下下的人，不管是基层岗位的职工，还是管理层，工作起来都非常努力、认真。一年以后，公司迅速崛起，成为日本规模巨大、发展迅速、收益俱佳的著名公司！

不管什么时候，处在怎样的环境中，我们都不要看轻自己。勇敢地对自己说："我很重要！"你的人生会因为"我很重要"而走上崭新的充满阳光的征程！

卢梭说："我不说我是卓越的，但是我与众不同。上帝是用模型造人的，塑造了我以后就把那个模型捣碎了。"

辛涅科尔说："对于宇宙，我微不足道；可是，对于我自己，我就是一切！"

耶稣说："一个人赚取了整个世界，却丧失了自我，又有何益。"

没错，我们每个人都是上帝独一无二的杰作，我们是自己的主宰！

周国平说："我何尝不知道，在宇宙的生成变化中，我存在与否完全无足轻重，面对无穷，我确实等于零。然而，倘若我不存在，你对我来说岂不也等于零？我何尝不知道，在人类的悲欢离合中，我的故事极其普通，然而，我不能不对自己的故事倾注更多的悲欢，对于我来说，我的爱情波折要比朱丽叶更加惊心动魄，我的苦难要比俄狄浦斯更加催人泪下，原因很简单，因为我不是谁，而是我自己。

"我终归是我自己，当我自以为跳出了我自己时，仍然是这个我在跳。我无法不成为我的一切行为的主体，我是世界的一切关系的中心，同时我也知道，每个人都有他的自我，我不会狂妄到要充当世界和他人的中心。"

承认自己很重要，不是狂妄自大，目中无人，而是摆正自己的位置，认识到自己的价值，充分发挥出自己内在的潜力，因为你并不是一颗被遗忘在角落的石子，你可以成为一道独特而亮丽的风景！

每一个生命都是独特的，生命中有欢笑，也会有苦难，然而不管何时，我们都要做自己心灵的主人，做承载自己生命的方舟，告诉自己："我很重要！"如此，便没有什么苦难能够打败自己！

作为孩子，你是父母生命的延续，父母对你倾注了无限的爱和关怀！

作为父母，你是孩子生命中的保护伞，是他们心灵的阳光！

对于朋友，你是他们心灵的港湾，分享他们的快乐，分担他们的忧愁！

对于爱人，你是他生命中的一根肋骨，有了你，他的生命才完整！

是的，你很重要。我们每个人都是大千世界中重要的一员，有着各自的责任和使命！我们要看得起自己，我们要勇敢地对自己说：

"我很重要！"

或许，你对承认"我很重要"还不习惯，你对这个想法还很陌生，那是因为，你在认为自己不重要的世界中生活得太久了，就像你本来有着巨大的财富，而你一直浑然不知，当这些财富在你面前，被告知属于你时，你是否会觉得这不真实？

向自己的内心呼喊，告诉自己："我很重要！"你会发现你的内心掀起巨大的波澜，似乎唤起了内心沉睡已久的力量！

给自己一个欣赏的信息，当你能够非常自然地看待自己，自然地承认自己的独特和重要时，你有发现你的内心在微笑吗？你是否感觉到一种轻松和惬意？是否感觉内心有一种力量在涌动？因为你看到了自己，你找到了自己作为一个人的价值！你因为"我很重要"而骄傲！

你，是自己生命的主宰，你主宰了自己的一切，如果你想向前，你想成功，你想像阿波罗的神灯一样实现自己的每一个美丽的愿望，只要你想，你便能够！没有人能够将你从前进的步伐中拖出来！

莎士比亚说："人类是一件多么了不起的杰作！多么高贵的理性！多么伟大的力量！多么优美的仪表！多么文雅的举动！在行为上多么像一个天

使！在智慧上多么像一个天神！宇宙的精华！万物的灵长！"

毕淑敏说："重要并不是伟大的同义词，它是心灵对生命的承诺！"

多么动听的话语！

让我们昂起头，对着这个美丽的世界，高声地宣布："我，很重要！"

了解自己的长处

美国社会专家的研究显示，人的智商、天赋都是均衡的，就像是这个世界的一切都会按照能量守恒定律发展一样。在某一个领域里有很大的优势，但不一定会在其他领域也占有同样的优势，即每一个人都会在有优势的同时也有着劣势。那些极少数的成功人士不是因为他们什么都好，而是他们懂得发挥自己的优势、规避劣势。面对真实的自我就是要看清自己的优势，了解自己的长处，将自己的价值显现出来。

有的人在未发现自己的才能和专长时，往往做事不得要领。做无所成，总感觉自己一无是处，但这很可能是被环境或形势所逼，自己如同在暗夜里行路，找不到该走的方向。

客观地认识自己，知道自己的长处，找到自己的发展方向，走一条属于自己的路，有利于你的成功，更可以收到事半功倍的效果。相反，如果你不了解自己的长处，盲目地走你的路，那无异于蒙着眼睛走路，纵然有所收获，也不会太轻松，而大多数的时候更可能是无功而返。

上学时，我对文化课一直都没有兴趣，父母没有意识到这一点会对我今后的人生有什么影响，只知道如果没有文化就会受苦。所以，他们大多数时候都会逼着我学习文化课。事实上，我在很小的时候就显出对艺术的兴趣与天赋，只是父母并不了解这一点，而当时的我又太小，没有决定自己生活方向的权利，加上当时环境的影响，我一直都未能选择自己喜欢的生活。高中毕业时，父母看到小城里的很多孩子不费吹灰之力就考取了艺术类院校，才意识到他们的教育理念是不符合这个社会的。那时的我已经意识到了自己的长处，于是在上大学时，我就只能依靠自己的兴趣，尽量多涉足一些自己喜欢的艺术类课程。我知道，现在再走艺术道路已经很困难了，但至少多学一些，对自己不会有什么害处。而且，在学习的过程中我感觉到了该有的快乐，也看到了自己的进步。这便是我现在真正能做到的，也是可以感觉到幸福的一件事。也许你曾有过类似的经历，但只要你能够认识到自己的长处，你就可以有所收获，至少可以收获快乐。

达尔文在他的自传中说，因为他对自己有很深刻的认识，所以，他可以准确地把握自己的长处，扬长避短，取得了一般人无法企及的成就。他谦逊又自信地说："我的记忆范围很广，却比较模糊。""我想象上并不出众，也谈不上机智。因此，我是蹩脚的评论家。"伟大的马克思有许多天赋，但他给燕妮写了很多诗之后发现自己并没有很好的诗才。于是，他自我剖析说："模糊而不成形的感情，不自然、纯粹，是从脑子里虚构出来的，现实和理想之间的完全对立，修辞上的斟酌代替了诗的意境。"

人们对自己的认识不是一次就可以完成的。认识过程不仅建立在自我反馈和自我调节上，也要建立在对别人中肯建议的接受基础上。

著名史学家方国瑜小时候除了刻苦学习功课外，还在课余跟随和德谦先生专攻诗词。他渴望成为一名杰出的诗人，但一晃六七年过去了，却未取得一点成就。1923年方国瑜赴京求学，临行时，和先生诵严羽"诗有别材非关学也，诗有别趣非关理也"之句赠之，指出他生性质朴，缺乏"才""趣"，不能成为诗人。但如能勉力，学理可成为一个学人。方国瑜铭记导师之言，后来著成《广韵声汇》和《困学斋杂著五种》两本书，为祖国的史学研究做出了很大贡献。

其实，每个人都不可能在任何领域占尽优势，而是会在某个领域占优势。只要你对自己的长处很清楚，并将自己的优势发挥到恰当的地方，你必然有所成就。

不要苛求自己

有的人会因为对自己太过苛求，能力又无法达到而痛苦不堪，这是对真实自己的一种践踏和侮辱。你需要明确地知道你是一个有多大能力的人，你可以根据你自己的能力确定你达到的目标，而不是去建一座人生的海市蜃楼。你只有在自己力所能及的范围内干好你自己的事业，才会从中获得快乐。太过苛求自己，不仅自己不会快乐，还会给别人带来痛苦。

有一位叫林珊的女孩很要强，她总是怕别人看不起自己。考大学那年，因为过分地担心自己考不好，她就整天开夜车，由于体力不支，结果临近考试时病倒了。参加工作后，她事事积极，却经常好心办坏事。结婚之后，又发现自己的老公不能给自己更好的生活基础，与老公闹离婚。在她的生活中，快乐似乎离她很远很远，永远都触不到。而另一位叫余慧的女孩却总是一副波澜不惊的样子。考大学时，别人都急得睡不好觉，她却睡得比谁都安心。问她为什么没有一点着急的迹象，她大大咧咧地说："急也没用，反正该学的我也学了，考成什么样子就什么样子呗。"结果她超常发挥，快乐地走进了自己梦寐以求的大学。工作之后，别人劝她找找领导，安排一个更好的岗位，她却没有丝毫动作，在工作岗位上干得很开心。结婚时，别人都挑来挑去的，生怕误了一生，她却找了一个很普通的人，可是，她的爱人待她很好，而且不到5年，他们通过自己的奋斗，有了该有的一切。她的不苛求，给了她无尽的快乐。

生活中的许多事不是我们能够左右的。对自己太过苛求只会增加自己的心理压力，使自己难得开心。与其没有快乐地活着，倒不如对任何事都不要在意，只要尽心尽力就可以了，结果如何我们可以不去在意。

所以，不要去苛求自己，承认你是一个有血有肉、真实存在的人。你有你渴盼的快乐，你有你真实的感觉。没有必要去否定这一切，试想一个人连这一点都无法做到，那他还如何去宽容别人，善待周围的一切？

曾经有一个公司招聘女助理，经过层层筛选，最后剩下两个水平相当的应聘者。这时老板决定加试决定取舍。题目是：假如公司有紧急情况需要你马上与客户沟通，但恰好在前一天，一直与你热恋的男友提出与你分手，你的心情坏到极点。面对这样的情况你该怎么做？

甲不假思索地回答道："我会排除一切杂念，把公司的事先处理好。"而乙却说："我想我会先请一天假，因为我的精神状态很差，我需要时间来调整自己。"

听完她们的答复后，老板当场就决定录用乙，并对困惑不解的甲说："你的答案虽然很完美，却不真实。因为人是有理性的，情感方面的因素不可能不影响到工作。相比之下，乙的答复更加人性化，没有矫揉造作的成分。我们的公司需要的是这种有理性、能够正视自己的员工。"

我们都不是机器人，我们有自己的情感。日常生活中的那些苦乐滋味都会给我们的生活造成各种影响。你真的快乐了，才会将自己的事情处理妥当。对自己要求得太苛刻，看起来是一种自尊、积极向上的表现，却不是最好的做法。这就像放风筝，拉得太紧，风筝的线会断。松紧适当，风筝才会飞得高，飞得远。我们的生命都是有限的，能够让自己在这有限的生命里创造成绩固然可喜，但拥有快乐也未尝不是一件值得庆幸的事。

人不要对自己说，别人有的我也一定要有。有些东西，别人有的，你永远都不会有。所以，还是少要求一些，不要活得那么累，快乐才是最重要的，才是你真实的需要。

做快乐的自己

快乐的生活是每个人都向往的，但是为什么还有很多人每天都生活在郁闷、悲观甚至是痛苦当中呢？难道生活真的就没有快乐可言吗？答案显然是否定的，生活中并不缺少快乐，而是快乐没有被我们发掘。下面让我们一起来寻找内心的快乐。

汤姆是一个非常善良的人，但是他非常不开心，原因是他感觉自己太胖了，这让他非常沮丧。他曾经发誓一定要减肥，但是锻炼的劳累让他感到更加痛苦；他又想节食，但是饥饿好像瘟疫一样令他痛苦不堪。于是一次次努力，一次次放弃，肥胖仍然困扰着他。

这是一种典型的感受，很多人都有这样的经历，不管事情是大是小，总是无法解决，汤姆也很想拥有健美的令人羡慕的身姿，也会幻想如果拥有那样的身姿会是一件多么快乐的事情，但他总是无法得到这种快乐。为什么呢？因为他对痛苦的恐惧超越了对快乐的向往。

快乐和痛苦是一枚硬币的两面，要么是正面，要么是反面。正如法国作家蒙田描述的那样："我明白，如若痛苦更大，快乐则将不再；如果快乐满溢，痛苦则将消失。"每个人都想追求快乐，但是都被痛苦挡住了脚步。

人们所有的感觉都是由内心产生的，同样一件事情在不同的人眼里结果完全不一样。有这样一个故事，一个罪犯，吸毒酗酒，抢劫谋杀，无恶不作，最后终老在监狱中。他有两个儿子，大儿子和他的父亲有着相同的嗜好，最终也沦为凶徒。二儿子却是另外一种情形——他拥有美满的婚姻生活，稳定的工作，健康的孩子。为什么在同样的环境下，两个人的发展状况却截然不同呢？

有人询问他们同样的问题："是什么让你走上了现在的路？"他们的回答居然也是相同的："有这样一个父亲，我还能怎么样！"多么让人感叹啊！我们生活在同样的一个世界里，享受着同一个太阳，但是每个人的内心世界却大不一样！因此说，不是世界在影响你，是你自己的内心决定了你的命运。汤姆看到的如果是减肥带来的快乐，那么他就会每天坚持去锻炼，并且乐在其中，我们为什么不能把自己的感受调整到快乐的状态中来呢？

成功的判断标准源于社会，而快不快乐却是源于我们的内心，一个人是否快乐，唯有他自己的心最清楚。因此我们应该更多地看向我们的内心，那是只属于我们自己的一片精神花园！而现代社会人们的通病就是关注外在世界更多，比如我们生存的环境，我们的社会地位，我们拥有的财富，却对自己的内心世界关注得非常少，这对自我成长是非常不利的。

从我们呱呱坠地，我们的父母就教我们认识周围的人和物，当我们长大了，上学了，这样的责任又交给了学校，老师教给我们知识，教育我们认识社会，认识外在世界的种种现实，包括地理、自然、历史等。于是，我们懂得了如何认识社会，懂得了如何去获取自己想要的物质生活，懂得了一个人就应该去获取自己的成功和幸福！于是，很多人变得成功了，变得富有了，可是，他为什么还是不快乐、不幸福呢？

外在世界的一切，包括我们追寻的那些东西，都是变化无常的，它们不会永远忠诚地跟随我们，更不用说一生一世，这些外在的事物在一瞬间就可能全部灰飞烟灭！所以说，世间万物都是不确定的，都是充满变数的，即使我们拥有得更多——万贯的家财，显赫的地位，幸福的家庭，内心还是会不安，会浮躁，会感觉空虚缥缈。因为，真正意义上的快乐，我们必须去内心深处寻找！我们的内心快乐了，才是真的快乐！乐由心发！

据说昆仑山麓生长着一种快乐果，每个得到这个果子的人，都非常快乐，自此忘掉所有烦恼。有一个人听说了这件事，便不远万里，跋山涉水，去寻找这种果子。终于，经历了千辛万苦，在险峻的山崖上，他找到了传说中的快乐果,然而,他拿着果子却并未觉得快乐,反而感到一股莫名的空虚和失落。天渐渐黑了,他走下山借宿在一位老人家里。晚上皓月当空,而这个拥有了快乐果的人却发出了长长的叹息。

老人听后,走出屋子,问他:"年轻人,什么事让你这样叹息呀?"

于是,他说出事情的原委,并追问:"我已经得到快乐果了,可为什么还没有得到快乐呢?"

老人听后,扑哧笑了,继而说道:"其实,快乐果并非昆仑山才有,而是人人心中都有。只要你有快乐的根,无论走到哪里,都能够得到快乐。"

年轻人听后,顿觉精神一振,急切地问:"老人家,那什么是快乐的根呢?"

老人说:"心就是快乐的根啊!"

快乐是由心而发的,找到了这快乐的根,我们才能感受真正的快乐,才不会被自己的情绪奴役,被外在的得失困扰!

人活于世,说到底是生活在自己内心的各种感受中。世界是广袤的,而我们是渺小的,我们可能无法像乔布斯那样拥有改变世界的智慧和力量,但是我们有能力改变我们自己。在生活中,时刻保有一颗善良、感恩、平静的心,我们得到的,将不仅仅是快乐。

第四章 用平衡心态的思维去调整自我

保持平衡的心态需要我们积极地面对日常
生活中的挑战和压力。
通过冥想、规律的生活习惯、
寻求支持、培养兴趣爱好、
保持积极思维和适当使用社交媒体,
我们可以更好地应对日常生活中的挑战,
并保持平和的心态。
最重要的是,我们要始终相信自己,
坚定自己的信念,
并相信我们有能力克服任何困难。

有客观的认知思维才能正确认识自己

每个年轻人在认识纷繁复杂的客观世界的同时，也渴望了解自身跌宕起伏的内心世界。一个人如果不能正确地认识自己，不能给自己一个客观公正的评价，那么，他的人生道路一定会弯弯曲曲，他会因此而不知道何去何从，甚至会经常迷路。而相反，如果一个人能够正确地认识自己，能够客观公正地评价自己，那么他就可以找到正确的人生之路。就像德国唯物主义哲学家费尔巴哈说的："谁能够正确地认识自我，他也就在心中点燃了一盏光芒普照的明灯。"

但让人感到可悲的是，很多年轻人经常认识不清自己，不知道自己是谁；不知道跟别人相比，自己有什么不足，或是有什么特别之处。不能够正确认识自己，就看不到自己在社会上准确的位置和自己真正的实力。

程明是一个不太自信的年轻人。尽管他已经顺利从大学毕业，并找到了一份不错的工作，但他还是觉得周围的人都比自己强——究其原因，是他的自卑心理在作怪。他出生在一个偏僻的小山村，家境十分贫困，靠着救济金才读完了小学、中学、大学，而他的同学、朋友个个都比他家庭条件好。由于自卑，导致他到了30多岁还不敢谈女朋友，因为他总是担心女孩子瞧不起他，更觉得自己配不上身边那些时尚、骄傲的女孩子。

其实，也曾有不少女孩子追求过他，但他总是不敢面对她们，直到人家对他失去耐心和兴趣，到头来他又为自己的怯懦行为感到懊恼。生活中，他经常责备自己是个懦夫，不满于自己的言谈举止、思考问题的方式和观点，但又没有改变的勇气，所以他总是觉得自己低人一等。就这样，程明一直生活在苦恼之中。

虽然程明这样看待自己，但他的同事们却认为他是优秀的。客观来说，程明是一个很优秀的年轻人，长得虽然不能说英俊帅气，但也有一米七八的个头，而且五官端正，更重要的是，他工作踏实，同事和领导对他颇有好感。

虽然同事们对程明给出了正面评价，但这并未改变他对自己的评价，究其原因就是他没能正确地认识自己。他对自己的认识始终停留在自己是个贫穷的山里小伙子上，于是总是对自己进行负面评价，结果不仅给心理造成了困惑，更是影响到了生活、感情。而这些都源于他没有一个客观、正确的"自我概念"。

自我概念，就是指一个人对自身存在的体验及认识。它指一个人通过经验、反省和他人的反馈，逐步加深对自身的了解和认知。自我概念对一个人的行为和观念具有重大影响，一般来讲，"自我概念"有积极和消极之分。

如果一个人的"自我概念"是积极的，他就能够对自己产生良好的感觉，也就能够产生积极的行为和观念，从而对自己充满信心，出现愉悦的心情。相反，如果一个人的"自我概念"是消极的，那么他的思想和行为也肯定是消极的。因为消极的"自我概念"会寻找一个与之相适应的负面信息，从而会使自己的自信心更加不足，出现焦虑或抑郁情绪。

很显然，上面故事中的年轻人的"自我概念"就是消极的，他永远只关注自己的不足，看不到自己的优势，甚至把自身的优点也当作缺点，从而导致了他行为上的消极与退步。如果他能够全面地看待自己的不足与优势，以积极的"自我概念"来鼓励自己，那么他的生活可能就比现在丰富多了。

因此，我们每个人都要对"自我概念"进行积极的管理和调整，寻找关于自己的正确信息，对自己保持良好的看法，同时尽量压制消极的"自我概念"，因为这两种力量是此消彼长的关系。

积极的自我概念，是建立在对现实的自我全面客观认知基础上的，是一种积极态度。它意味着一个人对自我的认同和积极接纳，以及一个人对自我的不断完善和发展。

年轻人刚从校园步入社会，面对的环境发生了变化，其"自我概念"一般具有复杂性、多样性和矛盾性等特点。而这时，也正是培养正确"自我概念"的大好时期。如果此时能够培养积极的自我概念，那么对年轻人的心理健康和人格发展都具有很重要的意义。

积极"自我概念"的建立，首先需要全面客观地认识自己。简单来说，就是既要看到自己的优点，也要看到自己的缺点，并给予客观的评价。

要做到这一点，除了自己要对自己进行评价以外，还要注意从周围人身上获取关于自己的信息。心理学家米德认为，我们所隶属的社会群体是我们观察自己的一面镜子。心理学上也有一个概念叫"镜我"，就是根据他人的判断而反映出的自我概念。他强调别人的态度、评价对自我概念形成的重要作用。因此，在生活中，年轻人要留意来自身边的人，比如父母、同学、朋友、同事等多方面信息，这样才能够逐步形成对自我的全面客观的认识。

其次，要全面地接纳自己。一个人首先应该自我接纳，才能为他人所接纳。然而现在的很多年轻人很喜欢接纳自己的优点，却容不下自己的缺点。

无论是好的还是坏的，成功的还是失败的，有价值的还是无价值的，凡自身所具有的一切都应该积极接纳，要平静而理智地对待自己的长短优劣、得失成败，要乐观开朗，以发展的眼光看待自己。对自己的长处不骄傲，对自己的短处不回避，取长补短，不妄自菲薄，也不妄自尊大，不卑不亢，才能健康地发展自己，逐步走向成功。

最后，积极地完善自己。在生活和学习过程中，年轻人都免不了遇到困难和挫折。在困难和挫折面前，不灰心、不丧气，保持自信和乐观的态度更是积极自我概念的集中体现。

你应该做到真正地认识自己，对自我有一个客观正确的评价，并在此基础上发展和完善自我。要想达成这个目标，平时就要积极参加各种社会活动，提高自己的挫折耐受力和各方面素质，同时为自己确立积极的自我概念，积极的自我概念反过来又会促进自我的完善和发展，这样才会在这个过程中不断地完善自己。

你要辩证地看待失败

失败在一般人眼中是可怕的,但是当我们从另外一个角度去考虑的时候,就会发现,其实失败才是我们通向成功的必经之路!

长颈鹿妈妈刚生下小长颈鹿之后,不仅不会急着去照顾自己心爱的孩子,反而会抬起腿,踢向它的孩子。小长颈鹿翻了一个跟头,四肢摊开,这个时候,如果它不能站起身来,长颈鹿妈妈就会一直踢,直到它站起来为止。当小长颈鹿终于第一次用它颤抖的腿站起时,长颈鹿妈妈仍会再一次将小长颈鹿踢倒,就这样反反复复很多次。或许有人会认为长颈鹿妈妈对自己的孩子太残忍了,殊不知,长颈鹿妈妈这样做,其实是源于对孩子的爱和保护。

因为在苍茫的草原上,狮子、狼等野兽都喜欢吃小长颈鹿,如果长颈鹿妈妈不教会自己的孩子尽快站起来并站得直、站得稳,那么它就会成为野兽口中的美餐。同时它也想让自己的孩子记住自己是怎么站起来的,因为只有这样才能磨炼出它的意志!

小长颈鹿就是这样从失败中学会了生存的本领,而我们年轻人又能从失败之中学会什么呢?可以说,失败就像一个宝库,只要你想学,它就有取之不尽用之不竭的智慧。人们常说"吃一堑,长一智",对那些聪明的人来说,失败不过是另一个开始;而对那些愚蠢的人来说,失败将是永远的终结。因为聪明的人懂得从错误和失败中学习对自己有用的东西,并能很快走出失败的阴影,继续向目标进发。而愚蠢的人则总是不断回想自己的失败,甚至将自己曾有过的成功也一概加以否定。就这样，他们将自己钉上了耻辱柱，当别人早都忘了他们失败的时候，他们仍不肯原谅自己！

生活是踏着失败前进的！如果没有爱迪生1600多次的失败，怎么会有电灯的问世？如果不是他，也许人类现在还处在一片黑暗之中。

有些年轻人可能认为，失败是一种严重的浪费。是的，当我们听任失败的情绪积聚在心中，干扰和腐蚀我们的生活时，那的确是一种浪费。可是，既然农夫能用残枝败叶来滋养新作物，我们又为何不能把失败当成天然的肥料，来培育成功的种子呢？

不管你曾经历过多少挫折，你都不应该放弃希望，而要把失败看成一个必然的过程和现象，把它看成你生命的一部分，它能磨砺你的性格，丰富你的人生，并最终给你带来成功的喜悦。没有错，也就无所谓对；没有苦，也就无所谓乐；没有失败，又怎能有成功呢？

失败对强者是逗号，对弱者是句号。对于不会从失败中吸取教训的人而言，成功是遥遥无期的。所以每一个渴望成功的年轻人，都应该在失败中锻炼自己，使自己成为一个真正的强者。著名作家萧伯纳曾说："成功是经过许多次的大错之后才得到的。"只要我们能从失败中获得有益的经验，就能避免重蹈覆辙，就离成功又近了一步。

成功学大师拿破仑·希尔认为，一个人曾犯过多少过错并不重要，重要的是能不能从每一次失败中吸取教训。此外，他还为年轻人指出了四种化失败为动力的方向。

1. 客观而诚恳地审视周围的环境

应多从自己的身上寻找问题之所在，不要将自己的失败归咎于别人。

2. 认真分析失败的过程和原因

采取必要的措施，改正以前的错误，重新拟订自己的计划。

3. 在重新尝试以前，要有足够的信心

你可先想象一下自己圆满地处理工作或妥善地应付客户的情景，这样可以让自己重新找回自信心。

4. 把那些失败的记忆统统埋藏，千万别让自己的自信心再受到它的影响记住，它们已经变成了你未来成功的肥料。

在这个过程中，你可能要多次使用这种方法，才能最终达到你的目标。你不必为之气馁，因为每一次尝试都可以让你多一次收获，并向目标多进一步。

如果说生活是五线谱的话，那么经历过的失败就是五线谱上不可缺少的音符。有了它们，生活这首曲子才会让人听起来更婉转悠扬，耐人回味。经历过失败的人，总会保持一份冷静，从一次次的失败中吸取教训，总结经验，以便下一次做得更好。不经过大风大浪考验的人，永远都不会真正地享受生活，而那些饱尝生活艰辛的人，都会从失败中收获虽苦犹甜的硕果。因为经历过失败的人才能在泥泞而曲折的道路上昂首挺胸，一步一步强大起来！如果你摔倒了一次、两次就爬不起来了，你就是躺在地上的一条虫。如果你摔倒了一万次，一万零一次还可以爬起来往前走，那你就是一条龙，你就是顶天立地的英雄！所以失败者要时时告诫自己：失败并不可怕，它是衡量价值的天平。在一次次失败之后，最重要的是要不断完善自己，这样才能走向最后的成功。

学会正视你的弱点

很多年轻人都喜欢在别人面前展现自己优秀的一面，而对自己的弱点却讳莫如深。俗话说，人无完人，其实每一个人都有自己的优势也有自己的劣势，优势我们需要继续保持和发扬，而对于自己的劣势和不足，我们也需要有勇气去勇敢面对，因为逃避不仅不能解决任何问题，有时候反而会让问题变得更复杂。

廖鹏自小口吃，所以话很少，也很少与老师和同学沟通。在他心里，口吃总是让他自卑，他怕自己说话不清楚而被同学们取笑。不过在学校他学习十分努力，是个品学兼优的学生，老师很喜欢他，同学们也非常钦佩他，所以口吃没有给他的生活带来很大影响。

很快，廖鹏大学毕业了，开始找工作。像每一个求职的人那样，廖鹏制作了精美的简历，浏览了很多招聘网站，面试的电话也很多。然而，接下来的面试让廖鹏屡屡碰壁，因为他的口吃，严重影响了他对自我的准确表述，因而面试总是一而再再而三地失败。逐渐地，廖鹏开始惧怕面试，更加害怕与人沟通，一次次失败的面试经历对他的心理产生了很糟糕的影响，他的话更加少了，在家人朋友面前也不再多说一句话，并且让他产生了这样错误的心理：自己空有才华而无人赏识，虽然自己的表达能力不好，但是自己的实力是很强的，可惜别人都看不到。这一切导致他找工作的热情骤然大减，看到之前不如自己的同学都找到了称心的工作，他都快心灰意冷了。

教师节那天，廖鹏去看望了大学的班主任。聊天过程中，班主任了解了廖鹏的情况，语重心长地对他说："想要改变这一现状，就要能够正视自己的弱点，你之所以找工作碰壁是因为口吃，而不是别人的不识人才。发现自己的弱点并争取克服它，你才能更好地适应这个社会。"廖鹏回去之后，开始练习说话，他每天都听收音机，然后重复播音员的话。一个月之后，虽然廖鹏没有完全克服口吃，但是他的口语表达能力有了很大的提高，在接下来的面试中，他也有了很好的表现，自然找到了令自己满意的工作。

廖鹏的经历告诉我们，任何不幸、失败与损失，都有可能让我们更加完美。造成失败的原因不外乎主观和客观两方面的因素，有的失败是由于我们自身能力有限所导致。在这种情况下，我们就要反省一番，再作冲击。

痛苦有时候是可以转化的，有一个成语叫"蚌病成珠"，意思是说蚌在伤口愈合时，伤口处就会出现一颗晶莹剔透的珍珠。其实，我们的生活何尝不是这样，和"蚌病成珠"如此相似，成熟就在我们的痛苦中渐渐孕育出来。

那么面对自身的弱点，我们该如何去克服呢？

最有效的方法就是"扬长避短"。"扬长避短"是自然法则，是顺应自然。每个人都有自己的优点，只有发现和利用这些优点，才能取得事半功倍的实效。如果只是致力于克服短处而不注意发挥优势，不仅没有取胜的机会，最后连优势也可能因为得不到充分发挥而变成弱势。

人无完人，每一个人都或多或少存在弱点，年轻人千万不要选择逃避，这样只会让你的自卑感更加强烈，进而影响自己的生活和心理。相信自己，正视你的弱点，发挥你的长处，那么你也可以成功。

年轻人不要老是盯着自己的缺陷或不足而自暴自弃，要同时看到自己的优点和缺点，努力发挥自己的优势，正视自己的缺点与不足，才能彻底放下忧虑，获得健康而美好的人生。

自信是你最好的"简历"

多年前的一个傍晚，一位名叫哈利的青年人站在河边发呆。那天是他20岁生日，可他不知道自己是否还有活下去的必要。哈利从小在福利院长大，身材矮小，长相也不漂亮，讲话又带着浓厚的法国乡下口音，不要说别人会拿异样的眼光看待他，就连他自己都一直很瞧不起自己，认为自己是一个既丑又笨的乡巴佬，连最普通的工作都不敢去应聘，没有工作，也没有家，他不知道自己的希望在哪里。

就在哈利徘徊于生死之间的关键时刻，与他一起在福利院长大的好朋友约翰兴冲冲地跑过来对他说："哈利，我有一个好消息要告诉你！"

"好消息从来不属于我。"哈利一脸悲戚，看得出来他没有丝毫的兴趣听。

"不，我刚刚从收音机里听到一则消息，说拿破仑曾经丢失了一个孙子。播音员描述的相貌特征，与你丝毫不差！"

"真的吗？我竟然是拿破仑的孙子？"哈利一下子精神大振，脑海中立刻出现了爷爷曾经以矮小的身材指挥千军万马，用带着泥土芳香的法语发出威严的命令的形象。他顿时感到自己矮小的身材忽然之间变大了很多，身体里也充满了神奇的力量，就连讲话时的法国口音也带出了几分高贵和威严。

第二天一大早，哈利便满怀自信地来到一家大公司应聘。他竟然被录用了。

20年后，已成为这家公司总裁的哈利，查证自己并非拿破仑的孙子，但这早已不重要了。

是什么力量改变了哈利，让他前后判若两人的呢？对，正是源自内心强大的自信。

拥有了自信之后的哈利，很快找到了工作并且在以后的人生道路上取得了成功。由此可见，自信对于年轻人来说是多么重要。走出校园的很多年轻人首先要面对的就是找工作，如果想拥有一份理想的工作，那么就一定要带好自信这份"简历"，因为它会给你带来神奇的力量。

爱迪生说："自信是成功的第一秘诀。"自信是独立个性的一个重要成分，是人们从事任何事业的最可靠的资本，自信能排除各种障碍，克服种种困难，使事业获得成功。自信是每个人产生动力的源泉，也是能够彻底改变人生的伟大力量。拥有了自信，你就无异于已经获得了一半的成功，漫漫旅途中的坎坷与险阻都会因为你已经取得的"一半成功"而为你让路，那么，最后的成功也就可望又可即了。

在相同的背景下，为什么有的人干出了一番事业，而有的人却终生平庸无为？不同的人生之路是从哪里产生分岔的呢？深究起来，因素众多，但决定性的因素无疑在于一个人的意识是否觉醒、精神是否解放，更重要的在于他有没有自信意识。

德国哲学家谢林曾经说过："一个人如果能意识到自己是什么样的人，那么，他很快就会知道自己应该成为什么样的人。但他首先在思想上得相信自己重要，很快，在现实生活中，他也会觉得自己很重要。"

著名指挥家小泽征尔的成功不仅来自多年的刻苦努力，更重要的是来自他的自信。有一年，欧洲指挥大赛到了决赛时刻，参赛选手小泽征尔按照评委会交给他的乐谱指挥乐队演奏。可演奏刚开始没多久，他就发觉乐谱有些不和谐的地方。起初，他以为可能是乐队演奏出了问题，于是就停下来重新演奏，但仍然感觉有些不如意。按常理说，评委给出的乐谱都是非常完美的，不应该出现这种不和谐的地方。是继续这样演奏下去，还是……小泽征尔停止了演奏，站起身来，向评委们提出乐谱的问题。但在场的作曲家和评委会权威人士都郑重说明乐谱没有问题，而是他的错觉，请他找出原因，把乐曲演奏好。当时小泽征尔还不是世界级的指挥家，而只是一个参赛者。但是面对这么多专家的众口一词，小泽征尔并没有被他们的气势所压倒。他稍加考虑后，在这些音乐大师面前大声说了一句："不，一定是乐谱错了！"话音刚落，评判台上立刻响起了热烈的掌声。

原来这是评委们精心设计的测试题，以此来检验参赛的指挥家们在发现乐谱有错误并遭到权威人士"否定"的情况下，能否坚持自己的正确判断。前两位参赛者虽然也发现了问题，但因趋同权威人士而遭到淘汰。小泽征尔却自信坚定，因而摘取了这次世界音乐指挥家大赛的桂冠。

类似的现象在现实生活中普遍存在。有些年轻人在做出选择和决定后，一遇到别人提出的不同意见，信念就会产生动摇，怀疑自己的想法不正确，遂产生放弃的念头。有时甚至明明发现别人的意见与实际不符，也不敢坚持自己的观点，以致将错就错，随风摇摆。对一个人来说，重要的是要相信自己，如果做到这一点，那么他很快就会拥有巨大的力量。

"固然，谦逊是一种智慧，人们越来越看重这种品质，"匈牙利民族解放运动的领袖科苏特说，"但是，我们也不应该轻视自立自信的价值，它比任何个性因素都更能体现一个人的男人气概。"老子也曾说过："胜人者有力，自信者强。"

自信是一盏能引导生命的明灯，一个人没有自信，只能脆弱地活着；反过来讲，信心的力量是惊人的，它可以改变恶劣的现状，达到令人满意的结局。充满自信的人永远是命运的主人。强烈的自信心，可令我们每一个意念都充满力量。如果你用强大的自信心去推动你的事业车轮，你必将赢得人生的辉煌。

自信好比航标灯射出的明亮的光芒，在浩渺的人生海洋中，指引着人们走向辉煌。高高举起自信之旗的年轻人，对一切艰难困苦将会无所畏惧。相反，自信之旗倒下了，人的精神也就垮了下来，而从来就不曾拥有过自信的年轻人对一切都会畏首畏尾，在漫长的人生旅途中抬不起头，挺不起胸，迈不开步，整天浑浑噩噩迷迷糊糊，看不到光明，因而也感受不到人生的幸福和快乐。

成功的人生在于永不言败

有一个年轻人行走在雨中，由于路面非常泥泞，不小心在途中跌倒了，他爬起来继续前行，可不久又跌倒了。如此反复几次之后，他趴在地上不再起来，还自言自语道："反正爬起来还会再跌倒，不如趴在地上算了。"对于即将步入或者已经步入社会的你来说，在面对生活中的困难和失败时，是否也曾有过"不如趴在地上算了"的想法呢？

要知道，人生不可能总是一帆风顺，如果跌倒了就此趴下，一蹶不振，那么就永远不会到达胜利的巅峰；而跌倒了再爬起来，永不言败的人，总是会有成功的希望的。

美国百货大王梅西年轻时出过海，后来开了一间小杂货铺，卖些针线，不过铺子很快就倒闭了。一年后他另开了一家小杂货铺，可是最后仍以失败告终。

在淘金热席卷美国时，梅西在加利福尼亚开了个小饭馆，本以为供应淘金客膳食是稳赚不赔的买卖，岂料多数淘金者一无所获，什么也买不起。这样一来，小饭馆又倒闭了。

回到马萨诸塞州之后，梅西满怀信心地干起了布匹服装生意，可是这一回他不只是倒闭，简直是彻底破产，赔了个精光。

不死心的梅西又跑到新英格兰做布匹服装生意。这一回他时来运转了，买卖做得很灵活，甚至把生意做到了街上商店。头一天开张时账面上才收入11.08美元，而现在位于曼哈顿中心地区的梅西公司已经成为世界上最大的百货商店之一。

我们大部分人的一生都不会一帆风顺，都难免会遭受挫折和不幸。但是成功者和失败者非常重要的一个区别就是，失败者总是把挫折当成失败，从而使每次挫折都能够深深打击他追求胜利的勇气；成功者则在一次又一次挫折面前，总是对自己说："跌倒了，就再爬起来！"一个暂时失利的人，如果继续努力，打算赢回来，那么他今天的失利，就不是真正失败。相反，如果他失去了再次战斗的勇气，那就是真的输了！

"如果跌倒了，就再爬起来"，看起来是一句鼓舞失败者最好的话，但是要真正实现，需要的是自我鼓励的品质和勇气，需要敢于硬拼和敢于战斗的精神。

往往有许多年轻人对失败的结论下得太早，当遇到一点点挫折时就对自己的工作产生了怀疑，甚至半途而废，那前面的努力就都白费了。没有人喜欢失败，因为，失败大多是一些痛苦的经验，甚至让你的人生受到重创。一般人几乎都是谈失败而色变。然而，若是换一个角度来看，失败其实是一种必经的过程，而且也是必要的投资。

艾科卡曾是美国福特与克莱斯勒两大汽车公司的总经理。事实上，艾科卡从21岁到福特汽车公司任职见习工程师开始，工作上就一直十分努力，要求自己事事都有完美表现。当然，最后他终于摇身一变成为福特公司的总经理。然而，他却在1978年7月13日被妒火中烧的老板亨利·福特二世开除了。

艾科卡在事业上可说是一帆风顺，绝对没想到自己竟会被老板开除。一夜之间，艾科卡如同从云端重重落下，人们远远避开他不说，就连过去公司的好同事也都抛弃了他，这可说是他生命中最严重的一次打击。

"艰苦的日子一旦来临，你除了做个深呼吸，并且咬紧牙关、继续奋斗之外，实在别无选择。"艾科卡曾经如此说道。他没有被打倒，反而接受了一个全新的挑战：应聘到濒临破产的克莱斯勒汽车公司出任总经理一职。凭借着他过人的智慧、胆识和魄力，大刀阔斧地对克莱斯勒汽车公司进行整顿与改革，同时向政府求援、舌战国会议员，以取得巨额贷款，重振企业的雄风。

1893年7月13日，艾科卡将面额高达8亿多美元的支票亲手交给银行代表。至此，克莱斯勒终于还清了所有的外债。巧合的是，五年前的这一天，正是艾科卡被亨利·福特二世开除的日子。

有时看似逆境，其实正是顺境的起点，这全在于你是否能将失败转化成铺设成功坦途的材料罢了。爱迪生说：伟大高贵的人物，最明显的标志就是有坚定的意志，不管环境变化到何种地步，他的初衷与希望仍然不会有丝毫的改变，而终能克服障碍达到所期望的目的。

失败不过是一个重新开始的机会。即使你具备经历考验的能力，可现实比想的还要严峻，一连串的失败会接踵而至。虽然获得成功是这样困难，但如果你有永不言败的意志，就会成功地杀出一条血路，到那时，你就可以豪情满怀地大笑。只要心中永不言败，失败就会望而却步，促使你战胜失败取得成功。

生命原本就是一场无形的赌博，在没有绝望之前，你必须赌下去。年轻人应该相信，没有永远的赢家，你也未必总是输。如果你真的输得"分文皆无"，那就从头再来，好好地搏上一场，或许还有收获的希望。至少我们年轻，还有的是时间为自己疗伤，至少我们还有生命做"本钱"。

永不言败绝非只是一句口号，而是植根于内心的一种信念和品质；是百折不挠、始终坚守的一个信条；是在任何情境下，遭遇任何打击，绝不言败的韧性；是必须实实在在、毫不含糊贯彻落实的行动。

我们生活在一个竞争激烈的世界，有竞争自然就会有成功，有失败。对年轻人来说，失败并不可怕，关键在于面对它的态度，这在很大程度上决定了你的人生走向：是最终反败为胜，还是从此一蹶不振。永不言败是一种信心、是一种勇气、是一种锲而不舍的精神，18岁以后，年轻人想要出人头地就一定不能在失败面前低头。在当今社会，年轻人只有坚持永不言败的进取精神，不断自我鞭策、自我激励，才能战胜人生道路上的种种考验，最后取得胜利。

将正面的情绪调动起来,你不比谁差

生活中有不少年轻人整日为一些鸡毛蒜皮的小事,为别人的几句闲言碎语,或为自己的不幸而长吁短叹、忧心忡忡……人生在世,总难免会遭遇不愉快,难免会遭遇挫折或不幸,如果一味沉湎于痛苦,总是哭丧着脸度日子,生活无疑会充满凄凉、痛苦和无奈。

其实,世界上的事情总有明暗两面,我们感觉到的究竟是明还是暗,是欢乐还是痛苦,从本质上说,并不取决于处境,而主要取决于你自己的心态,取决于你能否从光明的角度看问题。所以,如果能学会换个角度,即学会从理性的方面想一想,便可让自己本来灰暗的心境变得亮堂起来。做自己的心理医生,遇事多以乐观的心态去看待,那么你的人生之路就会充满阳光,远离阴霾。

曾担任过美国总统的罗斯福家里不幸被盗,被偷走了许多东西。一个朋友闻讯后,特意写信安慰他。罗斯福给朋友回信时是这样说的:"亲爱的朋友,谢谢你来信安慰我,我现在很快乐。感谢上帝,因为第一,贼偷去的是我的东西,而没有伤害我的生命;第二,贼只偷去了我的部分东西,而不是全部;第三,最值得庆幸的是,做贼的是他,而不是我。"

罗斯福就是一个善于用乐观心态去看待不幸的人!家里被盗,即便他非常愤怒,也解决不了问题。换个角度看问题,无疑是一种人生智慧,也是一门幽默的生活艺术,通过自我安慰实现自娱,化愤怒为快乐,使失望变成希望。

一天清晨，成都高三一个女生从宿舍楼顶一跃而下，结束了她18岁的花季。没有人知道在最后一刻，这个弱小的女孩是怎样下了这个艰难的决心，面对女生遗书中带着泪痕的那句："学习压力太大了，我放弃了……"人们不禁要问，为何年年喊学生减负，只减掉一些浮在表面的补课时数和书包重量，却减不掉孩子沉重的心理负担呢？

类似这位女生的这种情况，在生活中时有发生，这些看似开朗的年轻人其实往往掩藏着成长的脆弱，缺乏心理压力的释放途径，是造成年轻人心理困惑的重要原因。如果年轻人能培养一些调节身心的兴趣爱好，不要把所有的希望都押在学习上，而且最重要的是要学会做自己的心理医生，告诉自己生活不可能时时一帆风顺，只要尽力做了，结果并不是最重要的。如果这位女生也能如此调节自己的心态，那么也不会采取极端的方式结束自己的宝贵生命。

的确，凡事只要换个角度，积极地从好的一面去想，便能发现真正的快乐。如果我们强求一些不可能的事，那岂不是跟自己过不去吗？那又何必呢？

有一个小男孩在心情不好时喜欢靠着墙倒立。他说："正着看这些人、这些事，我会心烦，所以我倒着看世界，觉得所有人、所有事都变得好笑了，我心情就会好过一点。"

烦恼时，你无法兼顾其他事物，当人陷入绝境中，视野自然会变得狭小，往往只拘泥于自己烦心的事情，对其他事毫不关注。一个人心情烦闷、忧愁时，更要暂时避开眼前的一切，应将注意力转移到别的事情上，进行角色互换，或许会有意想不到的收获。

"要是火柴在你的口袋里燃烧起来，那你应该高兴；要是你的妻子对你变了心，那你应该高兴，多亏她背叛的是你，而不是你的国家。"契诃夫的这段话启迪人们：即使有一千个理由哭泣，更要找出一万个理由微笑。

英国作家培根也说过："一切幸运并非没有烦恼，一切厄运也并非没有希望，最美的刺绣是以明丽的花朵映衬于暗淡的背景，而并非暗淡的背景映衬于明丽的花朵。"所以，如果无法改变厄运对我们的磨难，那么就勇敢地接受它吧！

其实，我们看问题没必要钻牛角尖，自己跟自己过不去，如果尝试着去换个角度，问题可能会很好解决。生活中、工作中，如果年轻人能用良好的心态应对一切，做到乐观、进取、开朗，多一些积极的心态，少一些消极的心态，在遇到困难时能够自我调节，那么，你一定能从容自如地笑对生活。

每个人都不希望厄运降临，都希望顺顺利利地完成自己想做的事，但在现实生活中，这无疑是天方夜谭。遇上倒霉的事情，年轻人应该有正确的想法：每个人都会遭遇厄运，但对成功者而言，厄运并不能置人于死地，反而是幸运的开始！

放不下，你就不会获得轻松和远方

人生确实有许多的不完美，比如：上帝给了一个人美丽的容貌，却不给他博大的思想；上帝给了一个人高深的智慧，却不给他健康的体魄。同样，很多伟人都有弱点，罗斯福身患残疾、拿破仑矮小难看、斯大林严厉刻薄……生活就是一个现场直播的故事，我们总是要面对种种缺憾。

缺憾是与生俱来的，没有缺憾就意味着圆满，圆满也意味着停滞，到达了终点，因为圆满会让人失去追求和奋斗的劲头。然而大多数年轻人却总是埋怨自己的生活不美满，这不如意那不舒心，总之，在他们眼里，到处充斥着缺陷，这影响了他们的心情，破坏了他们的生活。其实，缺憾美只是生活的一部分，拥有缺陷是人生另一种意义上的丰富和充实，同时，损伤和缺憾往往是我们进入另一种美丽的契机。

《思维》一书里有这样一个故事：有一位挑水夫，他有两个水桶，分别吊在扁担的两头，其中一个桶有裂缝，另一个则完好无缺。在每次长途的挑运中，完好无缺的桶，总是能将满满一桶水从小溪边送到主人家中，但是有裂缝的桶到达主人家时，只剩下半桶水。

两年来，好桶对自己能够盛满整桶水感到很自豪，而破桶则对自己的缺陷感到非常羞愧，它为只能负起一半的责任而难过。

饱尝了两年失败的苦楚，破桶终于忍不住了，就对挑水夫说："我很惭愧，必须向你道歉。"

"为什么呢？"挑水夫问道。

"过去两年,因为水从我这边漏掉了,你只能送半桶水到主人家,我的缺陷,使你做了全部的工作,却只收到一半的成果。"破桶说。

挑水夫替破桶感到难过,他蛮有爱心地说:"我们回去的路上,我要你留意路旁盛开的花朵。"

走在回家的山坡上,破桶突然眼前一亮,它看到缤纷的花朵开满了路的一旁,沐浴在温暖的阳光之下,这景象使它开心了很多。

挑水夫温和地说:"你有没有注意到小路两旁,只有你的那一边有花,好桶的那一边却没有开花吗?我明白你有缺陷,因此我善加利用,在你那边的路旁撒了花种,每次我从小溪边回来,你就替我浇了一路花。两年来,这些美丽的花朵装饰了主人的餐桌。如果你不是这个样子,主人的桌上也没有这么好看的花朵了。"

破桶听了之后,终于释然了。

"木桶"的缺憾美成就了路面鲜花的完美,可以这样说,一种缺憾美往往是另一种完美的代言。当生命中有个小小的缺口,不要悲观怨叹,因为它可能让我们永远有追求幸福的动力。我们要正视缺陷,不要苛求完美,因为任何事物都不可能达到完美。

很久以前,有位渔夫从海里捞到一颗晶莹剔透的大珍珠,爱不释手。但美中不足的是珍珠的上面有个小黑点。"美珠有瑕",渔夫想,如能将小黑点去掉,珍珠将变成无价之宝。可是渔夫剥掉一层,黑点仍在;再剥一层,黑点还在;一层层地剥到最后,黑点是没有了,然而珍珠也不复存在了。

渔夫想得到的是极致的美,在他消除了所谓的不足时,美也消失在他追求完美的过程中了。有黑点的珍珠不过是白璧微瑕,这正是其浑然天成、不着雕痕的可贵之处,如同"清水出芙蓉,天然去雕饰",美得自然,美得朴实,美得真切。

你的生活中是不是也有缺憾呢?你还在为它而烦恼吗?人生的真谛,往往不是寄予"歌舞升平"的繁华,也非蕴于"平步青云"的惬意,更不在乎"儿孙满堂"的完美。从某种意义上说,一个完美的人是可怜的。他永远无法体会有所追求、有所希冀的感受,他无法体会他所爱的人带给他一直追求而得不到的东西的喜悦。没有缺憾，人生将变成一个痴迷、狂欢的舞台。

既然缺憾是无法从根本上改变的，那么年轻人就应该笑对缺憾，尽可能地从缺憾中获得快乐，要有一份博大宽容的心态去接受生活中的缺憾美。

缺憾也是我们的一部分，为了一点点缺憾而否定自己，实在是一件很傻的事。就像你刚听完一个故事，你说结局不够圆满，并因此郁郁寡欢、愁眉终日，何必呢？不是故事的结局不够好，是你对故事的要求太高了。只有不为缺憾耿耿于怀，对生活的要求低一些，我们才能好好享受生活。

人世间，完美与不完美只存在于一念之间。苛求完美只会离完美越来越远，放弃苛求完美，我们会发现人世间的一切都有它自己的独特之美。俗话说："水至清则无鱼，人至察则无徒。"所以，年轻人要学会放弃苛求完美的冲动，坦然接受缺憾美。上帝并没有创造一个标准的人，我们每一个人都是被上帝咬了一口的苹果，都是有缺陷的。有的人缺陷大些，那是因为上帝特别喜欢他的芬芳。

尽人事，听天命

机遇有时是不平等的，好时能让人功成名就，坏时让人一事无成，我们怎能够奢求自己特别幸运呢？就连你自己的情绪都是有好有坏，你又怎能要求别人事事都顺从你的意愿？我们应该平心静气地来想这个问题，设身处地，反躬自问，这是领悟人生的一个很好途径。

有些经常买彩票的人，每当看见别人中了大奖，心里就会很不平衡，觉得上天太不公平——为什么上天把好运气都给了他却不给我？其实，上天很公平，用西方人的话讲：我们都是上帝的子民，被选中或被抛弃的概率都是平等的。但是，为什么你总感觉上天不公平呢？事实上，你是在奢求一份幸运的特权。

这样的人，希望全世界的好事都归自己，总觉得最美的果实得先让自己挑选。中大奖要有你的一份；好工作先让给你；升职要第一个考虑你；出国外派的名额得先给你留着……一旦事不如意，就会心理失衡，像受了多大委屈。我们为什么不冷静地想一想，凭什么这个世界必须按照你的意愿来运转呢？你又不是国王，又不是上帝，芸芸众生中，天大的好事为什么非要砸在你头上呢？

《三国演义》中第一百零三回，诸葛亮精心设计把司马懿诱入上方谷内，以干柴火把截断谷口。司马懿进退无路，面临火焚灭顶之灾。正在此时，天地间狂风大作、骤雨倾盆，大火很快被大雨浇灭。司马懿趁机杀出重围。事后，诸葛亮仰天长叹说："谋事在人，成事在天。不可强也！"

"谋事在人，成事在天"，一语道破人间成败的玄机。当我们觉得自己即将春风得意时，命运偏偏会送来失意。这说明，成功既靠自己的主观努力，也靠客观机遇，不是你能力达到了，准备充分了，就会百分之百成功。这就告诉我们，不走运的时候看开一点，不要总是闷闷不乐，要学会安慰自己。

不过，现在也有很多人相信天命，认为命运是天定的。确实如此，做事是否成功，做人能否得到别人的认可，这些并非全由我们自己决定，但如果你不做事，就是上天想帮你也帮不上！所以，我们能做的一切就是——尽人事，听天命。要想成就大业，就要天天谋事做事，剩下的就交给天定吧！

生活中，要注意以下几点：

不要许下辈子的诺言。下辈子是骗人的，如果这辈子有什么事情要做，就抓紧时间做完吧。

身体是革命的本钱。如果你身体孱弱多病，那么有再大的雄心壮志也将望洋兴叹，心有余而力不足。好的身体可以帮你实现梦想，好的身体还能让你陪伴所爱的人走得更远更久。如果想老了之后和爱人在夕阳下漫步，就请好好爱惜自己的身体吧！

不要动不动就说自己已经不会爱了之类的话。真正的爱情是以时日相伴成长的，如果你在爱情中受了伤，不妨想一想，你丢掉的是一份和你没有缘分或者不适合你的爱情，何尝不是一种运气？

记住，你只能活一辈子。以豁达的心态面对人生，这辈子如果能少些怨恨、愤怒、悲伤、沮丧，到老了你就会发现自己是何等幸福。诺贝尔文学奖得主马尔克斯说："生活不是我们活过的日子，而是我们记住的日子，我们为了讲述而在记忆中重现的日子。"的确如此，我们之所以用心活好当下，就是为了以后回忆的时候有资本。否则，当你老的时候，会发现自己这一生没有快乐的往事可回忆，你真的会觉得这一生白活了。这样的人生才是最可悲的。

以出世的态度做人，以入世的态度做事

一个人要想在社会上有所作为，须先以出世的心态，在山水间领悟人生真谛，否则就没办法清除内心的尘俗欲念。一个人要想进入飘逸脱俗的境界，须先以入世的心态，在世俗间尝尽酸甜苦辣，否则就没办法承受日后的寂寞与清苦。

大学时，读过朱光潜先生的一本美学经典，其中有这样一句话直入我心——以出世的态度做人，以入世的态度做事。这句话可谓一语道破人生真谛。

"人生一世，草木一秋。"我们每个人都是人生舞台上的匆匆过客，无论你是帝王、富豪，还是平民、乞丐，无一例外！不少人为此看破红尘、遁入空门，但这只是一种出世的姿态。《菜根谭》说："出世之道，即在涉世中，不必绝人以逃世；了心之功，即在尽心内，不必绝欲以灰心。"意思就是，远离凡尘俗世修行的道理，应在人世间摸爬滚打来修炼，根本不必要离群索居、与世隔绝；内心了悟修行之功，就在每日认真尽心的生活态度内，根本不必断绝欲望使自己形如枯槁、心如死灰。这才是彻悟之言！要知道，现实生活是最为残酷的，我们谁都无法逃脱滚滚红尘的追击。每个人只有付出真正的努力，才能在社会上占得一席之地，从而真正拥有出世隐退的资格。否则，所谓的出世和修行只是逃避现实的借口。

然而，为什么在激烈竞争中未能被击败的人，却在功成名就的时候病倒了呢？究其原因，就在于他们只记得卖命打拼，却忽略了人生也是需要出世

精神的。出世是为了更好地入世，所以，真正智慧的人不会只讲"出世"或者只讲"入世"，他们懂得将"入世"与"出世"融合，从而体验一种更丰富的人生。

电影明星李连杰事业成功，家庭幸福。他既是影视圈的红人，又是慈善事业的推动者。同时，他还是一个虔诚的佛家信徒，非常注重对自己内心的审视。在接受一家电视台采访时，他向人们分享自己的修心理念："许多人之所以走错路，是因为分不清哪是妄心，哪是真心，私心杂念太多，又不懂得消除的方法，于是只能被欲望牵着鼻子走，丧失了纯净之心。"

如何才能让心静下来？李连杰的方法很简单，每天晚上睡觉前，他都会给自己留出一个小时的看书时间，通过阅读，唤醒内心最单纯的思考状态，摆脱白天功利的思维方式。这样的阅读，就是一种跟自己内心对话的过程，从而意识到平时哪些想法不恰当，或者哪些做法不合理。

此外，在拍完一部戏之后，李连杰还会找情投意合的朋友下下棋、钓钓鱼、聊聊天，让身心彻底放松。在下棋和钓鱼过程中，以聊天的方式真诚探讨问题，解决平时积累下来的心灵困惑。这样就达到一种静若止水的状态，从而清除杂念，找回真心。

活在这个世界上，每个人都免不了要追逐名利，获得物质享乐。这无可厚非，但不切实际的想法太多，就会让我们迷失，从而来不及审视内心，体会不到人生本来的快乐。

如何才能消除尘俗杂念和日常烦恼呢？就像李连杰建议的那样，让心灵从俗世中走出，然后审视自己，跟自己的内心对话，驱除那些妄念、邪念。只有淡泊名利，才能超脱悲喜，这正是出世心态带给我们的益处。

春秋时期有个叫庄子的哲学家，有一天，他的妻子去世了。像这种情况，别人都是捶胸顿足、号啕大哭，而庄子却一点悲伤的样子也没有。围观的人看不下去了，问他："你为什么不哭？"庄子回答："一百年前没有她，现在又没有了她，她从虚无中来，现在又回到虚无中去，就像回家一样，我应该理解她，又有什么可难过的呢？"

在庄子这里，我们感受到一种超脱世俗的巨大力量。虽然庄子也很留恋亲人，为妻子的去世感到遗憾，但他更清楚生老病死是不可避免的，再怎么悲伤也无济于事，所以，他能够看破并且放下。《菜根谭》写道："山河大地已属微尘，而况尘中之尘；血肉身躯且归泡影，而况影中之影。非上上智，无了了心。"意思就是，从整个宇宙无限的空间而言，山河大地所在的地球只不过犹如一粒尘埃，而地球上的小小生物与无边宇宙相比更是渺小得犹如尘埃中的尘埃。从绵延无尽的时间长河来说，我们的血肉之躯只不过是短暂的浪花泡影，而那些比生命更短暂的功名利禄更是泡影中的泡影，犹如过眼云烟。如果没有上上等的智慧和境界，是很难彻悟其中奥义的。很多时候，如果我们能以这种出世的态度来观察问题，就会释然顿悟，不再有悲伤和痛苦。

出世，是为了更好地入世；入世，是为了更好地出世。只有悟透两者之间的关系，我们才能真正掌握人生的要害。有人说："问题的关键不在于我们遇到了什么事，而在于我们对这件事的看法。"确实如此，看法决定情绪，态度决定悲喜。只有摆脱世间俗务的束缚，用一颗出世之心来入世，我们的事业才能更成功，人生才能更快乐！

第五章 拥有宽容平常思维 会让你与众不同

宽容如水般温柔,在遇到矛盾时,
往往比过激的报复更有效。
它似一泓清泉,款款抹去彼此一时的敌视,
使人冷静、清醒。
你的心海纳百川,接受别人的意见,
你才会改变,如果你永远不承认自己的错误,
就永远不会改变自己的态度。
中华传统文化曾经讲"兼听则明,偏信则暗",
容言才能广度有缘,有容乃大。

以平常心对待世事浮沉

　　人生中，再没有比绝望和失意的时期更重要的了。不经过这样的时期而成长起来的嫩芽，虽是一帆风顺而幸福的，然而它的茎干是脆弱的，稍微刮一点风就会立刻折断并跌倒下去。

　　得意与失意是截然不同的两种人生现象和情绪方向。得意人生，其情绪亢奋，思维向上；失意人生，其情绪低沉，思维向下。人们对得意的承受力是巨大的，往往是来者不拒、多多益善，而对失意的承受力往往又脆弱得不可思议，极端者，一点失意就可能将他的精神击垮。失意的伤害，如同魔法，可以在瞬息之间收尽人的精神，使人萎靡不振，沮丧不已。

　　生活之中，有许多事情都可以导致人的失意情绪产生，比如运气不济、仕途受阻、心中希望破灭、无端遭受打击、糊里糊涂地破财、莫名其妙地失宠、被人无故地猜忌等，这都是使人失意的肇端。然而人们要是想把这些事情置于自己的身心之外，似乎又是不大可能的，因为这些事情大多都是来自他人，自己根本就做不了主，所以也就改变不了它朝自己飞来的方向和力度，唯一的办法就是接住。

　　仔细分析发现，失意的这种近乎鬼魅的力量，全然不在它自身，也不在于失意的肇端强大有力，而在于承受者的心态。比如说，承受者的心态是脆弱的，那么，失意的打击力量就必然是强大的；如果承受者的心态是坚强的，那么，失意的打击力量就必然是软弱无力的，它们的能量在特定的条件下是可以换位的。这就是为什么针尖大的失意就可以将人击垮，因为人的心理承受能力过于脆弱，致使失意力量膨胀，并使它击垮了自己。以此观之，人不是被失意的力量击垮的，而是垮于自己的脆弱心态。明白了这个道理，人们就能随时坚强起来。

刘禹锡有句诗："人生不失意，焉能慕知己。"其意是，人生在世如果不受些挫折，怎能显露出不足从而使自己有些认识呢？既然人生挫折难免，就不应因受挫折而消沉和失望，要认真总结经验教训。善于自励者，把自我总结当成进步阶梯的"扶手"，把人生的得与失都看成生活对自己的一份馈赠。以这种达观之心对待失意，绝不会因一时得意而忘乎所以，也不会因某种失意而抱恨终生，从而懂得拥有，生命的洪流才能激起美丽的浪花。

有一首老歌唱道："人生好比是海上的波浪，有时起，有时落。"是啊，人生如潮，潮起潮落，跌宕起伏。失意并不可怕，受挫也无须忧伤，应以一种"猝然临之而不惊，无故加之而不怒"的心态去面对。只要拥有一颗豁达的心，一切都会趋向完美。正所谓"得何以喜？失何以悲？"

宽容之心是一个人高尚品格的表现。人与人之间平等相处，共同生活在这个世界，本无大的冲突，所以在与人交往的时候，要学会厚道宽容，得饶人处且饶人。如果人人都能够对他人报以宽宏的态度，那么人们之间的分歧和矛盾不仅会缩小或消失，而且彼此之间的关系也会更加亲密，这样才有可能更好地交往。

《战国策》中记载了这样一个故事：孟尝君曾经担任齐国的宰相，在各国声望都很高。他家中养了许多食客，其中有一位食客与孟尝君的小妾私通，有人将这事报告给了孟尝君，说："身为人家的食客，暗中却和主人的小妾私通，实在是太不应该了，理当将他处死。"孟尝君听后，只是淡淡地说了句："喜爱美女是人之常情，不必再提了。"

一年后，孟尝君召见那位食客，对他说："您在我门下已经有很长一段时间了，到现在还没有适当的职位给你，我心里十分不安。卫国国君和我私交很好，不如让我推荐你去卫国做官吧。"

于是，这位食客来到了卫国，受到卫君的赏识和重用。后来，齐国和卫国关系恶化，卫国国君想联合各国攻打齐国。此人对卫君说："臣之所以能到卫国来,全赖孟尝君不计前嫌,将臣推荐给大王。臣听说齐、卫两国的先王曾经相互约定,将来子孙之间绝不彼此攻伐,而大王您却联合其他国家去攻打齐国,这不仅违背了先王的盟约,同时也辜负了孟尝君的情谊。请大王打消攻打齐国的念头吧。不然,我宁愿死在大王面前。"卫君听后,十分佩服孟尝君的仁义,于是打消了攻打齐国的念头。齐国的人听说此事后,赞扬道:"孟尝君实在是善治政事,竟然使齐国转危为安。"

常言道,世界上最宽阔的是海洋,比海洋更宽阔的是天空,而比天空更宽阔的则是人的心灵。孟尝君正是以他的宽容和忍让,没有因他人一时的过失而斤斤计较,而是善于体谅他人,所以才笼络了人心,最后使齐国转危为安,避免了战乱,两国相安无事。

人只有具有宽容忍让的胸怀,不因无关痛痒的小事而斤斤计较,且善于体谅他人,才能收获友谊与帮助。以忍让宽容的态度对待他人,他人也会将心比心,回报于你。

宽容是一种胸怀,更是一种解决问题的良方。在与他人交往的过程中,我们常常会遇到各种各样的挑战,甚至是恶意的攻击。如果我们能够采取宽容的态度,就会更多地赢得别人的好感和尊敬,就能够较好地与周围的人和睦相处,就能为自己树立更好的形象。古往今来成大事的人,无不具有宽容的品质。如果我们能爱心永存,真诚待人,宽以待人,就能赢得别人的好感、依赖和尊敬,就能较好地与周围的人和睦相处,就能在人生旅途中顺利前行。

宽容忍让像一面镜子,可以随时照出人的胸怀。得理不饶人、睚眦必报的人只会照出其猥琐、丑陋与狰狞。对于胸怀宽广心地坦荡的人,镜子里会有万朵莲花。时时宽容,常常忍让,人会达到精神的制高点而"一览众山小",才会宠辱不惊,心境安宁。

以慈悲之心对待生活中的不公平

善解人意，不应理解为善于揣摩人的心意。其"善解"的"善"，也不能仅作"善于"解释。它还应包含善心、善良的愿望这层意思。善解人意，首先要与人为善、善待他人，而后才能理解人、谅解人、体察人，体现你的人格魅力。

俗话说："善心即天堂。"只有怀抱善心的人，才能爱人、欣赏人、宽容人。他们深知，"人"字的结构是互相支撑，要懂得相互接纳、相互合作、相互融洽，尊重他人的优势和才华，也宽容他人的脾气和个性。对别人，完全是欣赏他美好的地方，而不去计较他的缺点，或者说与自己不合拍的地方。不能理解的时候，就试着去谅解；不能谅解，就平静地去接受。

而缺少善心者，其"责人也重以周"，既很少去看他人的优势和才华，更不愿宽容他人的脾气和个性，却更多地去寻找他人的缺点和不足，对他人的理解很难，谅解更不易做到，他怎么会善解人意？

善解人意，还在善于体察他人的心境，给人以及时雨一样的帮助，让温馨、祥和、慰藉来浓化人生、沟通心灵。比如，对窘迫的人讲一句解围的话，对颓丧的人讲一句鼓励的话，对迷途的人讲一句提醒的话，对自卑的人讲一句振作的话，对苦痛的人讲一句安慰的话……这些非物质化的精神兴奋剂，既不要花什么金钱，也不要耗多少精力，而对需要帮助的人来说，却无异于久旱的甘霖，雪中的炭火。

《禅语人性》中有这样一段对话：一个年轻人去拜访住在大山里的一个

禅师，讨论关于美德的问题。这时候，一个强盗也找到了禅师，他跪在禅师面前说："禅师，我的罪过太大了，很多年来我一直寝食难安，难以摆脱心魔的困扰，所以我才来找您，请您为我洗净心灵。"

　　禅师对他说："你找错人了，我的罪孽可能比你更深重。"

　　强盗说："我做过很多坏事。"

　　禅师说："我曾做过的坏事肯定比你还要多。"

　　强盗又说："我杀过很多人，闭上眼我就能看见他们的鲜血。"

　　禅师回答说："我也杀过很多人，我不用闭上眼睛就能看见他们的鲜血。"

　　强盗说："我做的一些事简直没人性。"

　　禅师回答："我都不敢想以前我做过的那些没人性的事。"

　　强盗听禅师这么说，就用一种鄙夷的眼光看了看禅师说："既然你是这么一个人，为什么还在这里自称为禅师，还在这里骗人呢？"于是他起身轻松地下山去了。

　　年轻人在旁边一直没有说话，等到那个强盗走后，他满脸疑惑地向禅师问道："我很了解您是一个品德高尚的人，一生中从未杀生。为什么您要把自己说成是一个十恶不赦的坏人呢？难道您没有从那个强盗的眼神中看到他对您已经失去信心了吗？"

　　禅师说道："他的确已经不信任我了，但是你难道没有从他的眼神中看到他如释重负的感觉吗？还有什么比这更能让他弃恶从善呢？"

　　年轻人激动地说："我终于明白了什么是美德！"

　　远处传来了那个强盗欢乐的喊声："我以后再也不做坏人了！"这个声音响彻了山谷。

　　禅师不惜丑化自己来感化强盗，一颗慈悲之心令人敬服。其实人心都是善的，哪怕是十恶不赦的人，也有一颗从善的心。所以，对待恶人，使用适当的方法使他们从内心意识到善良的美好，就是对他们再好不过的帮助了。

　　美国文学家切斯特菲尔德说："用你喜欢别人对待你的方式去对待别人。"人，都是需要别人理解、同情和尊敬的。推己及人，与人相处应该豁达一些，像知名作家叶延滨说的"礼让三分"：与同事相处先让三分，与长者相处先敬三分，与弱者相处先帮三分。做到这些，那么沐浴我们的必将是阵阵和煦的春风和一片灿烂的阳光。

人生在世，与人为伍，许多人常叹善解我者难求。那么，你就先学着去善解他人吧。在你善解他人时，他人也将善解你。

我们在生活与工作中，经常可以听到有人这样发泄："这简直太不公平了！"——这是一种比较常见但又十分消极的抱怨。当你感到某件事不公平时，必然把自己同另一个人或另一群人进行比较。你可能会想："既然他们能做，我也能做。""你比我得到的多，这就不公平。""我没有那样做，你为什么可以那样做？"等等。

渴求公正的心理可能会体现在你与他人的关系中，妨碍你与他人的积极交往。不难看出，你是在根据别人的行为来衡量自己的得失。如果这样，支配你情感的就是别人，而不是你自己。每当你把自己同别人进行比较时，你就是在玩"不公平"游戏，而你采取的就是外界控制型思维方法。

人们都渴求公道，但一旦他没有得到公道时就会表现出一种不愉快。讲求正义、寻求公道，这本身并不是一种误区性的行为，但如果你一味追求正义和公道，未能如愿便消极处世，这就是自我挫败性行为。

陆良费尽周章进了一家国企大公司。这家公司虽说也是上市公司，但国有企业长期积累的一些习气仍存留在各个方面。一天，陆良的办公室所在11楼的锅炉热水器坏了，开水要到16楼去打。每天提热水壶上16楼打开水自然成了陆良分内的事，因为他刚来，在办公室资历最浅。这天上午，陆良有事外出，11点多回到办公室，回来时大汗淋漓，他掀开热水壶一看，里面空空如也。陆良很生气，大声说从明天起轮流打开水，不能由他一个人承包。没人响应，于是，第二天早晨上班后他也不打开水了……结果可想而知，当天中午他就被领导叫去训了一通，让他勤快一点……

我们在生活中受到要求公平的心理影响，当公平没有出现时，我们会感到愤怒、忧虑。但是，过去就不曾有过绝对的公平合理，今后也不会有。

其实，生活从来没有绝对公平的理想国。这着实让人不愉快，但这的确是实情。我们许多人所犯的一个错误便是为自己、为他人所受到的不公平感到遗憾，认为生活应该是公平的，或者认为终有一天会是公平的，于是抱怨、叹息、沮丧、等待……一味地沉浸在探究生活的公平与不公平中，将会虚度时光，让自己陷入困境。

不公道现象的存在是必然的，当你无法改变这一现实时，你可以努力改变自己，不让自己因此而陷入一种惰性，并可以用自己的智慧进行积极的斗争。首先争取从精神上不为这种现象所压垮，然后努力在现实中消除这些现象。

世上没有绝对的公平，如果真的绝对公平了，反而是另一种不公平。比尔·盖茨说："社会是不公平的，我们要试着接受它。"

接受生活并不公平这一事实，能激励我们去尽己所能，而不再自我感伤，我们知道让每件事情完美并不是"生活的使命"，而是我们自己对生活的挑战；接受生活并不公平这一事实，并不意味着我们不必尽己所能去改善生活，去改变环境，恰恰相反，它正表明我们应该努力做好分内的事，争取更大的成功；接受不公平这一事实，并接受这不可避免的现实，放弃抱怨、沮丧，以平常心、进取心对待生活，不公平就会消失得无影无踪。

忍辱是佛教的基本教义之一。所谓忍辱就是当自己遭受别人无故的侮辱和责难时，不与他人争论辩解，也不予以报复的一种忍让行为。忍辱是一种人格修养的提升，也是全身远祸的最好方式。

很多时候，当我们面对他人对我们强加的误解和责难时，大多数人都会选择以牙还牙的方式来报复，也许你当时发泄了心头的怨气，但是你却与人结下了更大的仇恨，可能导致他人采取更残忍的方式来加害你，最后造成两败俱伤的后果。所以，你若能够忍辱，不只是可以使自己免受更大的伤害，还会使那些刁难你的人被你超人的忍辱精神所感动，从而放弃前嫌，主动向你认错，他也有可能成为一个品质高尚的人。

《禅语人性》中有一个关于白隐禅师的故事：白隐禅师一个人过着平静随和的生活，人们都说他为人纯洁，心地善良。

有一次，白隐禅师住所附近的一个女孩还没有结婚就怀孕了。她的父母知道这个事情后非常生气，逼着让她说出孩子的父亲是谁，并且发誓要惩罚那个不知羞耻的人。那个女孩死活也不肯说，在父母的逼迫下，她承认孩子的父亲是白隐。

那个女孩的父母怒火中烧，前去找白隐理论，说："平日里认为你是一个品德高尚的人，没想到你居然做出这样的事来！既然做了，就出来承认，收留自己的孩子。"白隐只说了一句话："是这样的吗？"然后就答应收留那个孩子。

孩子出生后，白隐负责照顾他。他从邻居那里得到了牛奶、食物和一切孩子所需要的东西，尽自己最大的努力来照顾那个孩子，不管别人用怎样的眼光看他。邻居都尽全力来帮助他，没有一个人相信白隐是那样的人，但是闲言碎语是少不了的。

时间已经过去一年了，那个孩子的妈妈因为无法忍耐思念孩子的苦痛，将真相告诉了她的父母——原来孩子真正的父亲是一个贫寒的年轻人，他们相爱已经有很多年了，因为害怕父母不承认这个女婿，所以才做出那样的事来。事情发生后，女孩因为害怕而不敢把真相说出来，就欺骗她的父母，说那个孩子的父亲是白隐。女孩的父母知道真相后，痛斥自己的女儿不该说这样毁人名声的假话，然后立刻去找白隐，并把事情的真相告诉他，向他表示深深的歉意，请求他的宽恕，然后要求把孩子带回去。

白隐把孩子送还给他们，说："是这样的吗？"

接过白白胖胖的小孩，一家人感激涕零，此后到处传扬禅师的品德。从此，白隐禅师成了当地最受人尊敬的人。

忍，不是懦弱的表现；忍，是勇者的象征。一个人只要能够凡事忍耐，不逞一时之气，必能成功。今日社会，更需要人人有肚量去容忍对方、接纳对方，是故要忍一时之气，不仅能和谐人际关系，更不会因此而铸下憾事。

"忍一时之气，可风平浪静"，反之，"小不忍，则乱大谋"。忍辱是人生最大的修养，真正具有忍辱修养的人，从他的身上会爆发出一种非常强大的人格力量。也就是说，一个人如果没有很高的修养，他是很难做到忍辱的，而一个真正的成功者一定具备忍辱的涵养。

　　在一般情况下，忍耐可以作为坚忍不拔、忍辱负重的提炼概括，是成大气候的人必须具备的品德。唯有对坎坷命运有思想准备的人，才能忍辱负重，奋勇抗争，最终战胜厄运，立于不败之地。

以自己定义的方式享受人生

万事皆有缘,人生当随缘。"随"不是跟随,是顺其自然,不抱怨、不躁进、不强求。"随"不是随便,是把握机缘,不悲观、不刻板、不慌乱。

随缘者总是不去幻想生活多么圆满,也从不幻想在四季中享受所有的春天,因为每个人的一生都注定要跋涉沟沟坎坎,品尝苦涩与无奈。其实,艰难险阻是人生对你另一种形式的馈赠,坑坑洼洼也是对你意志的磨砺和考验。只要随缘任运,开放心怀,即可尽情欣赏品味这一切!这何尝不是一种达观,一种洒脱,一份人生的成熟,一份人情的练达。

人生随缘,即是"枯萎的随它去枯萎,繁荣的任它去繁荣"。随顺自然,毫不执着。

在一个炎炎夏日,骄阳似火,已经有好久没有下雨了,院子里的草地一片枯黄。小孙子焦急地对爷爷建议道:"光秃秃的,好难看啊!我们赶快撒点草籽吧!"

爷爷挥手说:"不行,现在天气燥热,等凉爽一些不迟。"

中秋节过后,天气凉爽下来,爷爷买了一包草籽,叫小孙子去播种。一阵秋风吹过,草籽边撒边四处飘散。小孙子惊慌地喊道:"不好了!好多种子都被吹走了,多可惜呀!"

"没关系,吹走的种子多半是空瘪的,就算撒下去也不会发芽的。"爷爷安慰孙子说。

一些小鸟看见有人播撒草籽,争相飞来啄食。小孙子急得跺脚大喊:

"真要命！这下完了，种子都被小鸟吃了！"

爷爷不以为然地笑说："没关系！种子多，吃不完！"

夜半时分，暴雨倾盆。一大早，小孙子就嚷嚷道："爷爷！这下真完了！好多草籽被雨冲走了！"

爷爷高高兴兴地说："种子被冲到哪儿，就在哪儿发芽，任其发展吧！"

一个星期过去，原本光秃秃的地面，突然之间冒出了许多青翠的草苗，一些原本没有播种的角落——墙角、门槛，都泛出了新绿。

随缘是一种人生的态度，但从更深的层次看，随缘却是一种待人处世的思维方式。随缘等于承认事实，豁达洒脱；随缘等于自嘲自解，摆脱困境；随缘等于趋利避害，保持乐观。随缘的人，往往是乐观的人。

万事随缘的人生态度，不是玩世不恭，更不是自暴自弃，随缘是一种思想上的轻装，随缘是一种目光的超前。随缘不会终日郁郁寡欢，洒脱才不觉得生活太累。懂得了这一点，我们才不至于对生活求全责备，才不会在受挫之后彷徨失意；懂得了这一点，我们才能挺起刚劲的脊梁，即使栉风沐雨，即使花开花落，也总能找到充满希望的起点。

在这个世界上每个人都是独一无二的。一个人总有一天会明白，嫉妒是没有用的，模仿他人无异于自杀。你就是你，无须按照别人的眼光和标准来评判甚至约束自己，保持自我本色，做一个真正的自我，这才是最重要的。

伊笛丝·阿雷德太太从小就特别敏感而腼腆，她一直很胖，而她的一张脸使她看起来比实际还胖得多。伊笛丝有一个很古板的母亲，她认为把衣服弄得漂亮是一件很愚蠢的事情。她总是对伊笛丝说："宽衣好穿，窄衣易破。"而母亲总照这句话来帮伊笛丝穿衣服。所以，伊笛丝从来不和其他的孩子一起做室外活动，甚至不上体育课。她非常害羞，觉得自己和其他的人都"不一样"，完全不讨人喜欢。

长大之后，伊笛丝嫁给一个比她大好几岁的男人，可是她的敏感性格依旧没有改变。她丈夫一家人都很好，也充满了自信。伊笛丝尽最大的努力要像他们一样，可是她做不到。他们为了使伊笛丝开朗而做的每一件事情，都只是令她更退缩到她的壳里去。伊笛丝变得紧张不安，躲开了所有的朋友，情形坏到她甚至怕听到门铃响。伊笛丝知道自己是一个失败者，又怕她的丈夫会发现这一点，所以每次他们出现在公共场合的时候，她假装很开心，结果常常适得其反。事后，伊笛丝为这个难过好几天。

有一天，她的婆婆正在谈她怎么教养她的几个孩子，她说："不管事情怎么样，我总会要求他们保持本色。"

"保持本色！"就是这句话！在一刹那之间，伊笛丝才发现自己之所以那么苦恼，就是因为她一直在试着让自己适合于一个并不适合自己的模式。

伊笛丝后来回忆道："在一夜之间我整个改变了。我开始保持本色。我试着研究我自己的个性，自己的优点，尽我所能去学色彩和服饰知识，尽量以适合我的方式去穿衣服。主动地去交朋友，我参加了一个社团组织——起先是一个很小的社团——他们让我参加活动，把我吓坏了。可是我每一次发言，就增加了一点勇气。今天我所有的快乐，是我从来没有想到可能得到的。在教养我自己的孩子时，我也总是把我从痛苦的经验中所学到的结果教给他们：'不管事情怎么样，都要保持本色。'"

保持自己的本色，不要矫揉造作，而需要我们光明正大；不需要故弄玄虚，而需要我们一本正经；不需要狐假虎威，而需要我们宽大为怀；不需要招摇过市，而需要我们沉默是金。

保持自己的本色，是我们与众不同的一种另类舞台，可供我们人尽其才、大显身手；是我们出类拔萃的一道特殊考题，可供我们镇静沉着、对答如流；是我们心静如水的一座高屋，可供我们拾级而上、展翅高飞。

保持自己的本色，可以使我们生活得更加滋润，还可以使我们的人生更加异彩纷呈、旖旎动人！

厘清人生不同阶段的需求

"志当存高远。"远大的目标仿佛高山绝顶，而自己就在山脚下，无论采取什么方式到达山顶，都要从当下做起，确定低起点。远大的目标指引前进的方向，实事求是地从低起点开始且不懈奋斗才能登临成功。而寻找低起点是一门艺术，需要生活阅历以及各种学问做基础，关键是不要空想，必须脚踏实地。

当然，低起点并不意味着确定一个很低的起点，而是要根据自身实际情况，根据自己的目标，踏踏实实一步一个脚印地向着目标前进。做事情之前要做好详细的计划，利用各种资源，善于总结经验，灵活变通，实事求是地做好每一件事情。

学习建筑专业的汪洋刚走出校门时，跟其他大学生一样都曾有一段迷茫期。他向往大城市，希望到北上广那些大城市工作，认为大城市能给他一个更好的工作氛围和更好的发展前途。因为家庭的原因，他把工作地点定在福州，但经历几番摸爬滚打后，在大城市发展的梦想破灭了。大城市的单位都是需要马上能够上手的人，而且要求有本市户口，这让他产生了一种异乡人被歧视的感觉，他的思想也发生了转变。他认识到小城市有其本身的优势，小城市竞争相对较小，个人施展才华的舞台更大，于是他决定回到中山市。

可是，高学历并没有为汪洋带来优势，他只是在中山市知名企业——××建筑工程有限公司当一名普通员工。但汪洋没有灰心，在基层中踏踏实实地工作，力求将每件事情都做到最好。那时他对自己说，先打好根基再寻求更好的发展机会。"梅花香自苦寒来。"汪洋丰富的理论知识在实践中很快便得到了验证，他的工作得到了领导与同事的认可，在短短一年时间内他被提升为副总经理。

对于毕业就业的问题，汪洋在接受采访时表现得很坦然。他说，作为刚毕业的学生，无须过分担心个人的就业问题，只要有个栖身的地方就可以了，然后自己去拼搏。他坚信只要有耕耘就会有收获，就算百分百的耕耘换回百分之四十的收获也是值得的。他认为，一个人首先要正确定位自己，不能好高骛远，更不能妄自菲薄。"低起点，高目标"是他的工作定位。

高目标是我们每个人应当追求的，与低起点并不矛盾。就像简·爱所说："尽管我贫穷低微不美丽，但当我们站在上帝面前时，我们的灵魂是平等的。"是的，只有树立高目标才能提升生命的价值，才能展现人生的意义。

孙中山曾说："奋斗这一件事是自有人类以来天天不息的。"一个国家、一个民族以至于我们每一个人，都需要目标，而为了实现目标不懈奋斗是一件美好的事。让我们从低起点开始，一步步去实现自己的大目标。

世界上只有一种标是随风而动的，那就是风向标。

如果将风向标比喻成人生，你就会发现它很累，六神无主、无所适从——在风的控制下忙忙碌碌、摇摆不定。

对于像风向标一样的人来说，人言、专家的论断、众口铄金的定律、游戏规则以及当下的潮流、市场形势等，都是不可抗拒的，他在这些影响下随波逐流，没有自己真正的方向。但是拥有自己志向的人，却有着一个不可动摇的目标。他们有自己的方向，绝不会摇摆不定。

信念坚定的人，始终如一，孜孜不倦，他们从不为潮流所迷惑，而是步步为营，永不停步地照着自己的目标努力。

风向标式的人则很容易被人言改变或击倒。

有个年轻人来到集市上买了一只山羊，他牵着羊，走在街上。

几个骗子看见了，其中一个对他说："你牵着这只狗干什么？"

"别开玩笑，这是一只山羊。"

他牵着没走几步，迎面又过来一个骗子。

"你为什么总牵狗哇？你要这狗干吗？"

"这是山羊！"他冒火了。

不过，他开始动摇了：会不会真是一条狗呢？他低头看看这只长着黑胡子的东西，满脸狐疑：这真的是狗？这明摆着是一只山羊嘛！不过……

又走了几步，他听见有人在喊："喂，小心，别让这条狗咬着！"

"天哪，我真糊涂！"这人终于大叫起来，"我怎么会把它当成山羊买来啊！"他信了骗子的话，把山羊扔在了大街上。那几个骗子捉住山羊，吃了一顿烤羊肉。

当然，这是一个故事。但现实生活中常常会有这种情况：你要做一件事，拿到了一个好项目，决定做下去，然而，身边的人一致认为"不保险""不可为"。于是，你相信了他们的话，结果是你把一只肥羊当作瘦狗放掉了。

正所谓"众智成愚"，当你没有自己坚定的信念，而随别人的意见左右摇摆时，你就会莫名其妙地变得"不行"。

有了这种信念的支持，你的人生就有了恒久的动力，它指引着你走向成功。

常言道："书山有路勤为径，学海无涯苦作舟。"无止境地学习，是每一个智者所必需的。人要想不断地进步，就得活到老、学到老，在学习上不能有餍足之心。

古语有言："吾生也有涯，而知也无涯。"尤其在当今这个时代，世界在飞速发展，知识更新的速度日益加快。人们应对千变万化的世界，就必须努力做到活到老、学到老，要有终身学习的态度。一个人如果不及时更新自己的知识，就会进入"知识半衰期"，很快就会被淘汰。而且人的能力就像蓄电池一样，会随着时间而逐渐流失。人们的知识需要不断"加油""充电"，不及时"充电"，很快就会在现代社会中失去能量。

知识就是力量，只要你坚持不懈地学习，你知道得越多，你就越有力量。这对你的成长和事业的发展是非常有价值的。人就是在不断学习中发展和壮大起来的。不论你是什么年龄，学习都同样重要。在学习面前永远没有"晚"这个概念。

晋平公是春秋末期晋国的君主。他晚年的时候想学一些知识，可是总觉得自己已经老了。有一天，他向乐师师旷求教说："我现在已经七十多岁了，很想学些知识，恐怕太晚了吧？"师旷回答："晚了，为什么不点蜡烛呢？"晋平公没有听懂他的话，生气地说："哪有为臣的这样戏弄君王的！"师旷解释："我怎么敢跟您开玩笑！我曾听人说过：少年时爱好学习，就像日出的光芒；壮年时爱好学习，就像太阳升到天空时那样明亮；到老年时还能爱好学习，就像点燃蜡烛发出的光亮。蜡烛的亮光虽然微弱，但是同没有烛光在昏暗中愚昧地行动相比较，哪一个更好一些呢？"晋平公听了，恍然大悟："你说得真好！我明白了。"

学习是一生的事情，不论你是少年、青年、中年或者老年。如果你意识到了这一点，那么还等什么，赶快行动起来。学习在什么时间开始都不晚，而你一旦停止了学习，就意味着你随时有被别人超越的危险，成为落伍者。

在这个知识就是武器、知识就是财富、知识就是生命的时代，我们每个人都应该树立终身学习的理念，并做到在学习中工作，在工作中学习，真正实现自我完善、自我超越，真正实现与时俱进，跟得上时代发展的步伐。因此，活到老学到老，是每一个人都应牢记的，让我们携起手来在漫漫人生路上潇洒走一回。

懂得选择与放弃

在生活中运用减法原理，就必须考虑哪些东西是你需要保留的，哪些东西是你必须"减去"的。换言之，就是要懂得选择与放弃。

懂得选择与放弃，是一种释然、一种升华，是摆脱困境、另觅他途的一种方式，也是寻回自我、重获自由的又一次生机。学会选择、懂得放弃是通往成功的一条必经之路，因为放弃是明智者的选择。选择是对放弃的诠释，放弃是对选择的跨越，懂得放弃机会有时比选择机会更重要。

一天早上，莉莉在厨房洗餐具，她3岁的儿子正自得其乐地在沙发上玩耍。

忽然，儿子的啼哭声传来。莉莉顾不上将手擦干，急忙冲向客厅，想弄清楚儿子究竟发生了什么事。

儿子仍坐在沙发上，但是，他的右手却插在茶几上的花瓶里。花瓶上窄下阔，儿子的手伸了进去，却拔不出来了。莉莉用尽各种办法，想把儿子的手拿出来，但都是徒劳无功。

莉莉开始焦急，她稍微用力一点，小孩子就痛得叫苦连天。在无计可施的情况下，莉莉想了一个下策，就是把花瓶打碎。可是她尚有犹豫，因为这个花瓶价值不菲。不过，为了儿子的手能够拔出来，这是唯一的办法。最后，她忍痛将花瓶打破了。

虽然损失惨重，但儿子平平安安，莉莉悬着的心也就落地了。她叫儿子将手伸给她看看有没有受伤。虽然孩子完全没有任何皮外伤，但他的拳头仍是紧紧握住无法张开。是不是抽筋呢？莉莉又一次慌了。

原来，儿子的手不是抽筋。他的拳头张不开，是因为他紧握着一枚硬币；他的手拔不出来，也不是因为花瓶瓶口太窄，而是因为他不肯松开握着硬币的手。

人们之所以难以做到简单，就是因为贪婪，不懂得放弃。明智的放弃胜过盲目的执着——明智的放弃比坚持更需要胆识和勇气。放弃是一种睿智，可以放飞心灵，可以还原本性；放弃是一种选择，没有明智的放弃就没有辉煌的选择。

成功就是不断选择与放弃的结果。选择是一种量力而行的睿智和远见，放弃是顾全大局的果敢和胆识。把握时机、保持清醒的头脑，就要懂得选择、学会放弃。面对人生，我们是自己唯一的导演，只有学会选择和懂得放弃才能彻悟人生，才能拥有海阔天空的人生境界。

选择与放弃决定你对生命的态度，决定了你人生的高度。

生活中，我们必须放弃一些东西，尤其在面临选择的时候，每一个选择都是自己的，无所谓对与错。很多时候，你觉得是对的东西，回头去看时，发现却是一生最大的败笔。

舍得，不舍不得，舍什么得什么，选择之间，往往才是大智慧。在生活中，时刻都在舍与得之间选择，我们渴望得到，我们渴望占有，因而常常忽略了舍。真正懂得"舍"，才能体会"失之东隅，收之桑榆"的妙谛。

某农贸市场有个卖猪肉的小贩，他家的猪肉总比别家卖得快，回头客还特别多，是他家的猪肉特别好吗？

其实，猪肉都差不多，好能好到哪里去？这个小贩的窍门就在一点：不舍不得。

一般，客人要十块钱的猪肉，他总是大刀一挥，秤上一称，十二块！有的客人就会说："不，我只要十块钱的。"于是，他就说："算了，那两块钱下回再付吧！"

根据他的统计，十位顾客中有八位顾客不会再付那两块钱，只有两位顾客会再次光临，并主动还那两块钱。但是，每当这个时候，他总是笑呵呵地说："什么两块钱，我已经不记得啦，算了吧！"

最终，皆大欢喜的结果是，顾客们都愿意买他的猪肉，光临他的小摊。也许你不相信，这个卖猪肉的小贩，现在已经是五家连锁店的老板了。

有一舍，必有一得。不要孤立地看待"舍"与"得"，"舍"可能会给我们带来烦恼，甚至困顿，其实这是"舍"给予我们的考验与磨炼，来明我们的眼、聪我们的耳、壮我们的身，使我们有能力获取到更多的"得"。

舍与得既是一种生活哲学，更是一种处世与做事的艺术。舍与得就如水与火、天与地、阴与阳一样，是对立又统一的矛盾概念，相辅相成，存于天地，存于人生，存于心间，存于微妙的细节，囊括了万物运行的所有机理。万事万物均在舍得之间达到和谐，达到统一。要得须先舍，有舍才有得。

人之一生，需要我们舍得的东西很多。古人云："鱼和熊掌不可兼得。"如果不是我们应该拥有的，我们就要学会舍得。人生旅途，有山山水水、风风雨雨，有所得也必然就有所失，学会舍得，我们才会拥有一份成熟，才会活得更加充实、坦然和轻松。

我们真正把握了舍与得的机理和尺度，就等于把握了人生的钥匙和成功的门环。要知道，百年的人生，也不过就是一舍一得的重复。

舍得，是一种精髓；舍得，是一种领悟；舍得，更是一种智慧，一种人生的境界。

豁达平静、上善若水的人生佳境

人在面对越来越多的诱惑时，就会忘记自己真正需要的是什么。我们时常分不清楚什么是需要的，什么是不需要的，或许只是习惯地或者本能地去追求它们。最后，不管是什么结果，无一例外的是，我们失去了自己最宝贵的东西，那就是迷失了自己。

一位富翁，财产无数。可是，眼看自己一天天衰老，儿子却没成什么气候，这让他万分担心。他担心自己给儿子留下的财富不能让儿子幸福，反而会坐吃山空，还招来厄运。

富翁想办法改变儿子，为了让儿子奋发图强，有自我奋斗的精神，他讲述自己白手起家的经历给儿子听。

富翁的话起到了作用，儿子听后受到启发，他决定自己奋斗，像父亲一样独自创造财富，靠自己的力量打拼出一份家业。

自己创业的道路确实是艰辛的。不过，跋山涉水，几经周折后，儿子在热带雨林里发现了一种散发出浓郁香味的树木，而且这种树木放在水中不会浮在水面，这和其他树木很不一样。他想：这么奇特的树木必然很稀有，肯定是宝物，如果出售，价钱肯定很高。当他满怀希望把香木运到市场上卖时，却无人问津，这让他失落万分。可是，市场上的木炭却供不应求。起初，他坚持自己的判断，他知道香木一定能卖个好价钱。可是，时间一天天过去，木炭的销量还是非常好，他开始动摇了，决定把他的香木烧成木炭来卖。

果然如他所料，烧成的木炭很快就卖完了，他非常高兴，心想自己还是很有眼光的。等他迫不及待地跑回家告诉父亲这个好消息时，父亲却没有他想象中的高兴，反而老泪纵横。

事实上，儿子找到的香木确实是稀罕之物，是这个世界上最珍贵的树木沉香，只要切下一块磨成粉，价值就超过一车的木炭。

懂得守住自己的沉香、经得住诱惑的人才能有出息。如果总是羡慕他人而摇摆不定，就会像故事中的儿子一样，放弃了更宝贵的东西。

有位哲人曾说过，"只看到别人的优势而看不到自己的优势是懦夫的行为，好像拿着一只金碗眼巴巴地望着人家锅里的粥一样。"人生在世，要面对太多自己喜欢的东西，而且看见的东西越多，喜欢的东西也就越多，想得到的也就随之多了起来。前面永远会有无穷无尽的新诱惑在吸引着你，但是，生活能给予人的毕竟是有限的。所以，认识自己是非常必要的，如果你不知道自己真正需要什么，那么所谓的追求也就没有任何效果和意义。

保住果实，抵制诱惑，是强者的形象，是一个人对理想、目标追求的具体表现。正如爱默生在《说自信》一书中所写：每一个人在受教育的过程之中，他一定会在某时期发现，不论好坏，他必须保持本色。虽然广大的宇宙之间充满了好的东西，可是除非耕作那一块供给他耕作的土地，否则他绝得不到好的收成。

在我们的生活中，那些受人尊敬的人，因为出淤泥而不染，品格高尚，自然会受到人们的推崇。有人说高处不胜寒，其实他们看似寂寞但内心无比充实，他们不会患得患失，不会假惺惺地去敷衍别人，更不会掩饰自己的感觉，他们不仅活得充实，而且还真实。要说有一点寂寞，那可能是因为这样的人太稀有，很少能找到有共同语言的人。

乔治·华盛顿是美利坚合众国第一任总统，就是他领导美国人民为了自由和独立浴血备战，赶走了殖民者。

在今天的美利坚国会大厦，有一幅华盛顿鞠躬的巨制油画，讲述的是两百年前华盛顿作为将军正式向国会归还军权的情景。为了国家的利益，为了实现《独立宣言》提出的独立、平等、民主、自由，华盛顿提出要离开军队,解甲归田。他说:"现在,我已完成了战争所赋予的使命,我将退出这个伟大的舞台,我向尊严的国会告别,并辞去所有的公职。"他从前的一名下属,这时的国会议长说道:"您在这块土地上捍卫自由的理念,为受伤害和被压迫的人们树立了典范。您将带着全体同胞的祝福退出这个伟大的舞台,但是,您的道德力量并没有随您的军职一起消失,它将永远激励子孙后代!"当时几乎所有人都流下了热泪。

仪式一结束,华盛顿真的就回家了,像一个凯旋的大兵,两手空空,轻松地吹着口哨,沿波托玛河,回到阔别多年的农庄。五年后,当美利坚急需一位总统的通知正式下达后,他的休养计划被迫中止。连任两届后,他坚决辞去了总统职务,理由很简单:"我老了,不能再耽搁下去了!"

八年军旅,置生死于度外;八年总统,在国家最艰难之时,每一次都是临危受命、力挽狂澜,每一次都是听从国家召唤,履行一个公民应尽的义务。平民—将军—平民—总统—平民,华盛顿最终用"寂寞"写完了一个人平凡而伟大的人生故事。

轻浮之人,肤浅之流,无知之辈,慵懒之徒,大抵都耐不住寂寞,因为他们的灵魂根本就没有栖息之所,缺少精神家园,所以只能任灵魂随意飘荡。这些人总是耐不住寂寞,因为枯竭的灵魂无法承载寂寞之重。即使暂时寻找一份肉体之欢、精神之悦,没有积极追求的这类人也注定了被孤独包裹。

人生需要寂寞。寂寞是一种考验,寂寞是一种坚守,寂寞是一种修炼。珍惜寂寞,让自己有暇思索人生、规划人生。敬重寂寞,寂寞才不会让你真正寂寞,你才会拥有精彩人生。

多交朋友，少结冤家

我们应该多结交成功的朋友。只要是成功者，就一定有他成功的道理和诀窍，有他成功的理由和作为人的核心竞争力。你没发现肯定是因为没具备发现的眼光，没调整好自己的心态。或许他成功的方式你无法学习，但他成功的结果永远值得你揣摩。因此，对我们而言，多结交成功的朋友，就变得很重要。

多个朋友多条路，多个冤家多堵墙。世上有很多条路，但朋友之路是万万不可或缺的。多交朋友，少结冤家，对我们每个人而言都是有意义的忠告。在成功人士的字典里，处理好人际关系已是公认的不二法则。范雎就是有了一些肝胆相照的朋友，才能在危机中保住性命，飞黄腾达。

《战国策》中有这样一个故事：魏国有一个叫范雎的人，虽说满腹经纶，但是因为无人引荐，也只好空怀壮志难以施展，于是就寄居在中大夫须贾门下充当食客，可谓家徒四壁。不久魏王派遣须贾出使齐国，范雎得以以随从舍人的身份一同前往出使。

齐襄王因为敬重范雎的才能，赏赐范雎黄金与牛肉、美酒。虽然范雎拒绝了黄金而留下了牛肉和美酒，但这一切都使作为正使的须贾觉得备受冷落、颜面无存。因此，回到魏国后，须贾向相国魏齐指控范雎私受贿赂，向齐国出卖情报，有辱使命。魏齐大怒，命人将范雎抓来严刑拷打，把范雎打得遍体鳞伤，惨不忍睹。

范雎胸怀大志，尚未施展才华，岂能就这样白白冤死，便装死企图脱身。魏齐亲自来看，见其断肋折齿，体无完肤，直挺挺地躺在血泊中动也不动，便命仆人用苇席裹尸，弃于茅厕之中，让家中宾客在尸身上便溺，不容他做干净之鬼，用以告诫后人。天色渐晚，范雎从苇席中张目偷看，只有一名仆人在旁看守，便悄悄地对这个仆人说："我伤得这么重，虽暂时醒过来了，但是绝无生还之理。你如果能让我死于家中，以便殡殓，家人定当重金酬谢你的恩德。"这个仆人见他可怜，又贪图钱财，便向魏齐撒谎说范雎已经死了，恰逢魏齐正在大宴宾客，酒酣中命仆人将范雎的尸体丢到郊外喂狗吃。

范雎趁着夜色回到家中，马上让家人将苇席置于野外，以达到掩人耳目的目的。同时，他马上通知好友郑安平，帮助他找到藏匿地，然后化名为张禄，并嘱咐家人明日一定发丧，不然给魏齐知道了后果不堪设想。

范雎并不是多虑，他的估计果然没错：第二天魏齐酒醒之后，马上疑心范雎可能没有死，派人去野外查探，发现只有苇席，没有尸身。

于是他便派人去范家搜查，正好碰到范家举家发哀戴孝，这才认为他的尸身已经被野狗叼去了。后来在郑安平和王稽的帮助下范雎来到秦国，受秦王重用并拜其为相国，封以应城，称为应侯。俗话说：有仇不报非君子。此时，范雎终于出人头地，有了复仇的资本了。于是，他便奏请秦王发兵伐魏。当然，直到这时魏国还不知秦相是范雎，还以为张禄就是张禄，而不是范雎。

魏王很快就得知秦王采用丞相张禄之谋，将要东进伐魏，急忙召集群臣商议。信陵君无忌力主发兵与秦国抗衡，相国魏齐则认为秦强魏弱，不宜硬抗，主张遣使求和。魏王于是派中大夫须贾去秦国求和。

此时，范雎得知须贾来了，心中顿时感叹不是冤家不聚头。于是换去相服，装作寒酸落魄之状，潜出府门来到馆驿，徐步而入，去见须贾。须贾一见，大惊道："范先生别来无恙乎？我以为先生被魏相打死，何以得命在此？"范雎回答说，当年被弃尸荒郊，幸得苏醒，被一商客所救，便亡命于秦，打工糊口，聊以为生。须贾不觉动了哀怜之意，留之同坐，并以好酒好菜相待。这时正是大冬天，看见范雎衣薄而破，战栗不已，须贾又命从人拿出一件绨袍给他穿上，范雎称谢不已。须贾初到秦国，没有熟人，便问范雎道："当今秦国丞相张禄权势盛大，我想拜见他，可是没人引荐。你在秦国时间已经很长，能够帮我通融一下吗？"于是，范雎谎说自己的主人与张丞相关系甚好，自己也常入相府，可以为其引荐，并同意为须贾借得大车驷马，让他驱使。

范雎亲自为须贾执鞭架车，赶着马车直奔相府。街市的人看到丞相驾车而来，自然是拱立路旁或者快步行走回避，须贾感觉很奇怪。

到了相府的门前，范雎说："大夫稍待于此，容我先去通报一下。"

须贾下车，立于门外，等了很长时间也不见消息，便问守门者说："我的故人范雎入府通报，很久都没有出来，您能为我叫他一下吗？"

守门者觉得很奇怪，说："这里并没有什么范雎，刚才为你驾车的驭手是当今丞相啊！"须贾大惊失色，如梦初醒，于是脱袍解带，跪于门外，托守门者禀告说："魏国罪人须贾在外受死！"

范雎在鸣鼓之声中慢慢走了出来，此时威风凛凛，坐于堂上。须贾跪伏在地，连称有罪。范雎历数须贾三大罪状后，说道："你今至此，本该断头沥血，以酬前恨。然而可怜你还有点人味，以绨袍相赠，所以苟全你的性命。"须贾叩头称谢，几乎是爬了出去。

范雎后来直接去秦王处，将以前的事一一报告，并说魏国恐秦，遣使求和。秦王大喜，同意范雎意见，准魏求和，说须贾之事，任凭他发落。过了几天，范雎在丞相府大宴宾客，尽请诸侯之使，济济一堂，酒菜甚为丰盛。而将魏使须贾安排在阶下，派两个黥徒夹之以坐，席上不设酒食，只准备些炒熟的豆子，两黥徒捧而喂之，如同喂马一般。众宾客甚以为怪，范雎便将旧事诉说一遍，然后厉声对须贾说："秦王虽然同意了议和，但魏齐之仇不可不报，留你一条狗命回去告诉魏王，速将魏齐人头送来。否则，我将率兵屠戮魏国，那时候你们后悔都来不及了。"

须贾回到了魏国，魏国丞相魏齐听到了消息十分恐惧，丢掉了相印，连夜逃往赵国，藏于平原君赵胜家中。秦昭王闻之，为给范雎报仇，便设计诱骗平原君至秦，扣为人质，派人说如不送魏齐人头到秦国，就不准平原君回赵。魏齐走投无路，只好自杀而死。

范雎在报仇雪恨之后，还没有完，他想起自己的恩人王稽和郑安平，便晋见昭王，说道："我本来是一个快要死掉的人，如果不是王稽忠于大王而纳臣于秦，如果不是大王英明圣贤，臣安能富贵如此？然王稽至今仅为谒者，当年救臣于水火之中的郑安平也没有受到重用，请大王恩赐提拔他们。"于是，秦昭王任命王稽为河东太守，让郑安平当了大将军。

范雎正是有了王稽和郑安平这些朋友，最终才能保住性命并当上了秦国的丞相，而魏齐却因为有了范雎这么一个敌人，所以最后被逼自杀，可见朋友的重要性。朋友多了路好走，要知道无论你取得什么成就，主要取决于那些对你有信心并信任你的朋友们。多交朋友，就要少树敌人，因为每个仇人就是前进道路上的一堵墙，树敌过多，说不定哪天自己的通路就会被仇人堵死。切记不要在自己的人生路上制造障碍。

所以，我们要从现在开始多交朋友、少结冤家。

做人境界有高有低，这往往体现在处理矛盾的不同方法上，有人善于化解矛盾，有人善于激化矛盾。大家同在一片蓝天下，难免时有矛盾发生。而矛盾最多也是最激烈的，往往是争利夺位，有时甚至是争得势不两立、不共戴天。其实这种人实在是钻了牛角尖，人生短短几十年，能够在一起，也是一种缘分，何必争来争去闹得大家都不愉快呢？即使要为合理的东西去争夺，也必须讲究策略。这个策略就是：对于矛盾，我们要以德服人，以德报怨。

《道德经》上说："想做圣人要去掉极端的、奢侈的、过分的东西。"越是雄心勃勃、耀武扬威、欲取天下者，越是得不到天下。只有能够以德服人、以德报怨，才能够得人心，进而得天下。舜就是这样的典范。

传说舜是个贤人，他出生在冀州，他的父亲是个盲人。在舜很小的时候，舜的妈妈就病死了，父亲给他找了个后妈。不久，舜就有了一个同父异母的弟弟，名叫象。因为象是小儿子，又是后妈生的，舜的父亲和后妈自然十分宠爱小儿子象。他们不但对舜不闻不问，还要舜干很多活，去赚钱养家。可父亲、后妈和弟弟还是把他看成了眼中钉，总为一点小事刁难他。舜对他们的态度毫不在意，依然对父母十分孝顺，也依然关心弟弟。

因为舜的德行在当地有口皆碑，所以，在舜30岁的时候，他被人推荐给尧帝。尧帝对他的德行十分满意，赐给他财物，还把自己的女儿嫁给了他。舜的弟弟象心里十分嫉妒，他想霸占舜的妻子和财物，于是就要置舜于死地。

这天，象对舜说："粮仓的屋顶漏水了，你快去修补一下。"舜于是搬来梯子，爬到粮仓顶上涂泥补漏。象立即把梯子给撤走了，还在粮仓里头点起火来，想把舜活活烧死。舜在屋顶无路可走，急中生智：拿起身边的斗笠，用双手举着，像鸟儿一样落了下来，未伤毫发。

这次象见舜没有死，又生一计。他走到舜的家里，对他说："父亲要你去打一口井。"当时舜身体不适，但是一听是父亲的命令，二话没说就拿着工具出发了。这次象想把舜活埋在井里。舜已经有了戒备之心，在挖井的时候在侧面又凿出一条暗道，从暗道里逃走了，又逃过一劫。

这时象很害怕，他担心舜会报复。可是舜没有怨恨，依然对全家人很好。舜的宽容大度终于感动了他的弟弟和父母。后来舜做了部落的首领，象也改过自新，尽心尽力地帮助百姓排忧解难，成了一个道德高尚的好人。此后，象一直都对舜很尊敬，再也不敢冒犯兄长了。

人与人交往的过程中，不可避免地会产生各种各样的矛盾。襟怀坦荡、胸怀宽阔的人善于宽容他人，因为他们懂得宽容他人就是善待自己，心胸狭窄只能加深误解和折磨自己。因此，真正的大丈夫往往能够以自己高尚的品德、宽厚的胸襟去容纳曾冒犯自己的人，以德报怨。

从舜的经历中，我们可以看出宽容的力量是巨大的，它甚至会成为一种人格上的魅力，可以让人为此而拼死效命。

从古至今，凡是胸襟宽大者、有大家风范者，都能够对人"以德报怨"。这样做，从眼前来看，似乎有忍气吞声之嫌，不过，从长久来看，这样做的好处太大了。能够以德报怨的人，才能够得人之心，才能够成大事、得天下。

宽容他人，得理饶人最聪明

如果有人做出伤害自己的事，你就要用一颗宽容的心去原谅他。在面对别人的侮辱和伤害的时候，没有必要显得气急败坏，以一种对抗的方式来证明自己的强大和并非软弱可欺。

如果别人是无心犯的错，那么，你根本就没有必要将它放在心上，而应该大度地原谅他；如果别人是故意伤害你，你也不要一味地寻求报复，正所谓"得饶人处且饶人"，能够得理饶人才是聪明的人。有一个"灭烛绝缨"的故事是这样的：

有一次，楚庄王手下的得力干将养由基率军平定叛乱后，楚庄王十分高兴，便在宫中大宴群臣，还让自己的宠姬嫔妃出席助兴。席间，丝竹奏响，轻歌曼舞，美酒佳肴，觥筹交错，一片欢声笑语，直到黄昏仍未尽兴。因为打了胜仗，楚庄王也兴致颇高，于是就命人点烛夜宴，还特别叫出自己最宠爱的妃子许姬向文臣武将轮流敬酒，以示敬意。

这个时候，一阵疾风吹过，筵席上的蜡烛被吹灭了，宫中立刻漆黑一片。黑暗中，有人斗胆拉住了许姬的衣袖想要亲近她，在拉扯中，许姬顺手扯下了那人官帽上的缨带，然后赶快回到楚庄王的面前，向楚庄王一阵耳语："有人想趁黑暗调戏我，幸亏我机灵，拔下了那个人的帽缨，请大王快吩咐点亮蜡烛，派人查看众人的帽缨，没有帽缨的那个肯定就是刚才对我无礼之人。找出来可以为臣妾申冤，杀鸡儆猴。"

没想到，楚庄王听完，却不动声色地对众人大声说道："寡人今日设宴，诸位务要尽欢，大家不要太顾念君臣之礼，现在请诸位把帽缨摘掉，不然，难以尽欢。"

如此，群臣都依命把自己的帽缨取下，楚庄王这才命人重新点亮蜡烛，宫中一片欢笑，君臣尽欢而散。

席散回宫后，许姬怪楚庄王不给自己出气，楚庄王说："酒后失态乃人之常情，不应加以怪罪。此次君臣宴饮，旨在狂欢尽兴，融洽君臣关系。如果因为酒后失态就要究其责任，加以责罚，甚至取人性命的话，那么还有哪个大臣愿意为孤效力呢？"

事情过去了几年，众人已经忘记这件事情了。适时，晋国侵犯楚国，楚庄王亲自带兵迎战。交战中，楚庄王发现自己军中有一员战将每次上阵总是奋不顾身，所到之处均拼力死战。在他的影响和带动下，众将士也都斗志高昂，奋勇杀敌。这次交战，晋军大败，楚军大胜。最令人感动的是，在楚庄王遇见危险的时候，这个战将奋死护驾。

战罢回朝，楚庄王照例要论功行赏，找来那位战将，问他要什么赏赐。出人意料的是，这位战将立刻跪下，表示自己不要任何赏赐，说："赏赐，大王已经给过臣下了：几年前，臣在大王宫中酒后失礼，犯的是死罪，应当处死，可大王不仅没有加以追究，反而还设法保全我的颜面，臣甚为感激。从那时起，我就对大王的恩德时刻牢记在心，准备等待机会报答大王。这次上战场，也正是我立功报恩的机会，所以我才不惜生命，奋勇杀敌，就是战死疆场也在所不惜。"

楚庄王听了以后，大为感叹，庆幸自己当初宽恕了他的无礼，不然今日自己早已命丧黄泉。想到这里，楚庄王就把许姬赐给了这个将军。

楚庄王自己的妃子被人调戏，本来那位将军已经失掉了君臣之礼，按照那时的律法即使是处斩也不为过，在场的人也不会觉得有什么不妥。可庄王不仅没有加以追究，还及时采取措施保全他。在自己得理的时候，放他人一马，必然会得人心。

冤家易解不易结，各自都退后一步才能够化解矛盾，如果大家都针锋相对的话，小小的争执可能就会变成大规模的冲突了。得饶人处且饶人，给对方一条生路，也是给自己留有回旋的余地。

历代圣贤都把宽恕容人作为理想人格的重要标准而大加倡导。前面说了面对下属需要宽容，然而面对竞争对手或者合作伙伴，我们就不需要豁达的胸怀吗？答案是肯定的。互相拆台、互相羁绊只会让彼此都走入困境；但是如果互相扶持、互相帮助的话，事业就会一帆风顺。有了宽容，就能团结他人，内心自然会坦然，就会有一个好心态去面对充满激流的市场。

大家都知道，合作是企业生存的必需条件，宽容又是合作的必要前提，不要让我们的狭隘去伤害合作关系，那样就有点得不偿失了。

著名天文学家第谷和科普勒之间的友谊和合作，就是一曲优美的宽容之歌。

科普勒是16世纪的德国天文学家。年轻时，他尚未出名，当时曾写过一本关于天体的小册子，深得当时著名的天文学家第谷的赏识。当时第谷正在布拉格进行天文学研究，第谷诚挚地邀请素不相识的科普勒和他一起研究，共同探讨。

听到这个消息，科普勒兴奋不已，连忙携带妻女赶往布拉格。不料在途中，贫寒的科普勒病倒了。第谷得知后，赶忙寄钱救急，帮助科普勒渡过了难关。

因为妻子的缘故，科普勒和第谷后来产生了误会，又因为没有马上得到国王的接见，科普勒无端猜测是第谷在使坏，写了一封信给第谷，把第谷谩骂了一番后，不辞而别。

本来第谷是个脾气极坏的人，但是受此侮辱，第谷却出奇平静。他太喜欢这个年轻人了，认定他在天文学研究方面是前途无量的。他立即嘱咐秘书赶紧给科普勒写信说明原委，并且代表国王诚恳地邀请他再度回到布拉格，共同研究天体。

此时，收到信的科普勒被第谷的博大胸怀所感动，便重新与第谷合作，他们俩合作不久，第谷便重病不起。临终前，第谷将自己所有的资料和底稿都交给了科普勒，这种充分的信任使得科普勒备受感动。科普勒后来根据这些资料整理出著名的《路德福天文表》，以告慰第谷的在天之灵。是第谷的宽容成就了科普勒，也是第谷的宽容赢得了科普勒的尊敬。

　　把这个道理推而广之，虽然每个同事都是不一样的，有不一样的能力、不一样的背景、不一样的性格。但是这些都不是最重要的，重要的是你在大家眼里的样子。首先要让合作者认为你是一个优秀的搭档，这样合作者才愿意与你合作。所以，合作者都希望自己的搭档是宽厚贤德之人，这样才是良好合作的前提。

行善事，得善果

人生之中谁都会遇到困难，不可能全部靠自己解决，实际上帮助别人就等于帮助自己。如果我们不断地去做善事、做好人的话，那么我们播下了善良的种子，总会收获"善果"的。

有一个小男孩叫古铁雷斯，他15岁就跟随父亲来到异国他乡打工。每次出门前，父亲总会告诉他只要有人答应教你英语，并给一顿饭吃，你就留在那儿给人家干活。因为古铁雷斯的英语还并不是很流利。

古铁雷斯找的第一份工作是在海边小饭馆里做服务生。由于他勤快、好学，很快得到老板的赏识。为了能让他学好英语，老板甚至把他带到家里做客。

一天，老板告诉古铁雷斯，给饭店供货的食品公司将招收营销人员，如果他乐意的话，自己愿意帮助引荐。于是，古铁雷斯获得了第二份工作，在一家食品公司做推销员兼货车司机。

在去上班之前，父亲告诉古铁雷斯："我们祖上有一个遗训，叫'日行一善'。在家乡时，父辈们之所以成就了那么大的家业，都是得益于这四个字。现在你到外面去闯荡了，最好能记着。"于是，当古铁雷斯开着货车把燕麦片送到大街小巷的夫妻店时，他总是做一些力所能及的善事，比如帮店主把一封信带到另一个城市，让放学的孩子顺便搭一下他的车。就这样，他任劳任怨地干了几年。

有一天，古铁雷斯接到总部的一份通知，要他去牙买加统管拉丁美洲的营销业务，理由据说是这样的：该职员在过去的4年中，个人的推销量占佛罗里达州总销售量的40%，而且客户好评如潮，都说他很热心，应予重用。

后来，古铁雷斯所取得的成绩越来越大。他打开拉丁美洲的市场后，又被派到加拿大和亚太地区；1999年，他被调回了美国总部，任首席执行官。就在他被美国猎头公司列入可口可乐、高露洁等世界性大公司首席执行官的候选人时，美国总统布什在竞选连任成功后宣布，提名他出任下一届政府的商务部部长。

古铁雷斯认为：一个人的命运，并不一定取决于某一次大的行动，更多的时候，取决于他在日常生活中的每一个小小的善举。

学会善待他人，善待身边的亲人、朋友、同事，即使是在自己疲劳和烦闷的时刻，也不要忽略他们的感受。我们生活的意义和幸福在很大程度上依靠生活中的其他人获得。所以，在力所能及的范围内，不要拒绝帮助别人。不要因为帮助别人没有回报而沮丧愤懑，也不要因为他人把你的帮助看作理所当然而委屈郁闷。其实，帮助别人也是帮助自己，即使我们没有得到什么，也要坚持做下去。

现代社会中，我们需要与人合作，与人合作也包括求人办事。无论是同事也好，朋友也好，陌生人也好，在生活和工作中难免会有让他们帮忙的时候。要想让他们心甘情愿地为你做事，你首先思考一下，在平时你有没有为他们做些什么。的确，人生之中，有时候我们并不知道自己一次无意中的善举会在哪一天得到丰厚的回报。

第六章 创造一个拥有独立人格的思维世界

人的存在不是一个简单的肉体存在，
而是一种精神的存在。
世界上的每一个人都应是一个独立的精神存在，
但并非每一个人都是真正作为一个独立精神存在。
我们常常看到现实中许多不具备独立人格的人，
这些人不能拥有真正的自我，
他们的精神为别人的精神所奴役；
他们也不具有独立的思维，
只能被动地接受别人的价值观念。
他们虽生活在奴役之中却不知道被奴役，
有时并为这种被奴役而快活。

换位思维的艺术

从前有一个老国王，他很古怪，一天，老国王想把自己的王位传给两个儿子中的一个。他决定举行比赛，要求是这样的：谁的马跑得慢，谁就将继承王位。两个儿子都担心对方弄虚作假，使自己的马比实际跑得慢，就去请教宫廷的弄臣（中世纪宫廷内或贵族家中供人娱乐的人）。这位弄臣只用了两个字，就说出了确保比赛公正的方法。这两个字就是：对换。

所谓换位思维，就是设身处地将自己摆放在对方位置，用对方的视角看待世界。

在与他人的交往中，我们需要学会换位思维，设身处地为他人考虑，也就是我们常说的将心比心。换位思维可以使他人感受到你的爱心与关怀，同时，你也能理解他人。

在英国的一个小镇上，有一位富有但孤单的老人准备出售他漂亮的房子，搬到疗养院去。

消息一传开，立刻有许多人登门造访，提出的房价高达30万美元。

这些人中有一个叫罗伊的小伙子，他刚刚大学毕业，没有多少收入，手里仅有3000美元，但他特别喜欢这所房子。

他悄悄打听了一下别人准备给出的价格，想着该如何让老人将房子卖给他而不是别人。

这时，罗伊想起一个老师说的话——找出卖方真正想要的东西给他。

他寻思许久，终于找到问题的关键点：老人最忧虑的事就是不能在花园中散步了。

罗伊就跟老人商量:"如果你把房子卖给我,您仍可以住在您的房子里而不必搬到疗养院去,每天您都可以在花园里散步,而我则会像照顾自己的爷爷一样照顾您。一切都像平常一样。"

听了这话,老人那张皱纹纵横的脸上绽开了灿烂的笑容,笑容中充满爱和惊喜。老人当即与罗伊签下了合约,罗伊首付3000美元,之后每月付500美元。

老人很开心,他把整个屋子的古董家具都作为礼物送给了罗伊,并高兴地向大家宣布这所房子已经有了新的主人。

罗伊不可思议地赢得了竞争中的胜利,老人则赢得了快乐和与罗伊之间的亲密关系。

由上我们可以知道,换位思维除了感人之所感外,还要知人之所感,即对他人的处境感同身受,客观理解。

换位思维是在情感的自我感觉基础上发展起来的。首先要面对自己的情感。我们自己越是坦诚,研读他人的情绪感受也就越准确。

每个人天生都会有一定程度的体察他人情感的敏感性。人如果没有这种敏感性,就会产生情感失聪。这种失聪会使人们在社交场合不能与人和谐相处,或是误解别人的情绪,或是说话不考虑时间场合,或是对别人的感受无动于衷。所有这些,都将破坏人际关系。

换位思维不仅对保持人与人之间的和睦关系非常重要,而且对任何与人打交道的工作来说,都是至关重要的。无论是搞销售,还是从事心理咨询,或给人治病以及在各行各业中从事领导工作,体察别人内心都是取得优秀业绩的关键。

换位思维的一个显著特征就是站在对方的角度看问题。这样,我们将得到一个崭新的视角,这有利于问题的有效解决。

著名牧师约翰·古德诺在他的著作《如何把人变成黄金》中举了这样一个例子。

多年来,作为消遣,我常常在距家不远的公园散步、骑马,我很喜欢橡树，所以每当我看见小橡树和灌木被不小心引起的火烧死，就非常痛心，这些火不是由粗心的吸烟者引起，它们大多是那些到公园里体验土著人生活的游人所引起，他们在树下烹饪而烧着了树。火势有时候很猛，需要消防队才能扑灭。

公园边上有一个布告牌警告说：凡引起火灾的人会被罚款甚至拘禁。

但是这个布告牌竖在一个人们很难看到的地方，尤其儿童更是很难看到它。虽然有一位骑马的警察负责保护公园，但他很不尽职，公园里仍然常常着火。

有一次，我跑到一个警察那里，告诉他有一处着火了，而且蔓延很快，我要求他通知消防队，他却冷淡地回答说，那不是他的事，因为不在他的管辖区域内。我急了，所以从那以后，当我骑马出去的时候，我担任自己委任的"单人委员会"的委员，保护公共场所。每当看见树下着火，我非常着急。最初，我警告那些小孩子，引火可能被拘禁，我用权威的口气命令他们把火扑灭。如果他们拒绝，我就恫吓他们，要将他们送到警察局——我在发泄我的反感。

结果呢？儿童们当面顺从了，满怀反感地顺从了。在我消失在山后边时，他们重新点火，让火烧得更旺——希望把全部树木烧光。

这样的事情发生多了，我慢慢教会自己多掌握一点人际关系方面的知识，用一点手段，一点从对方立场看事情的方法。

于是我不再下命令，我骑马到火堆前，开始这样说：

"孩子们，很高兴吧？你们在做什么晚餐？……当我是一个小孩子时，我也喜欢生火玩儿，我现在也还喜欢。但你们知道在这个公园里，火是很危险的，我知道你们没有恶意，但别的孩子们就不同了，他们看见你们生火，他们也会生一大堆火，回家的时候也不扑灭，让火蔓延，伤害了树木。如果我们再不小心，不仅这儿没有树了，而且，你们可能被拘入狱，所以，希望你们懂得这个道理，今后注意点。其实我很喜欢看你们玩耍，但是那很危险……"

这种说法产生了很好的效果。儿童们乐意合作，没有怨恨，没有反感。他们没有被强制服从命令，他们觉得好，古德诺也觉得好。因为他考虑了孩子们的感受——他们要的是生火玩儿，而他达到了自己的目的——不发生火灾，不毁坏树木。

站在对方的角度看问题，往往可以使我们更清晰地了解对方的处境，也可以使对方更真切地感受到我们的关怀，促进事情顺利发展。

被誉为世界上最伟大的推销员的乔·吉拉德是一个善于站在对方角度考虑问题的人，这一特点也是成就他的推销神话的秘密之一。

有一次，一位中年妇女走进乔·吉拉德的展销室，说她想在这儿看看车打发一会儿时间。闲谈中，她告诉乔·吉拉德她想买一辆白色的福特车，就像她表姐开的那辆一样，但对面福特车行的推销员让她过一小时后再去，所以她就先来这儿看看。她还说这是她送给自己的生日礼物："今天是我55岁生日。"

"生日快乐！夫人。"乔·吉拉德一边说，一边请她进来随便看看，接着出去交代了一下，然后回来对她说，"夫人，您喜欢白色车，既然您现在有时间，我给您介绍一下我们的双门式轿车——也是白色的。"

他们正谈着，女秘书走了进来，递给乔·吉拉德一束玫瑰花。乔·吉拉德把花送给那位夫人："祝您生日快乐，尊敬的夫人。"

显然她很受感动，眼眶都湿了。"已经很久没有人给我送礼物了。"她说，"刚才那位福特推销员一定是看我开了部旧车，以为我买不起新车，我刚要看车他却说要去收一笔款，于是我就上这儿来等他。其实我只是想要一辆白色车而已，只不过表姐的车是福特，所以我也想买福特。现在想想，不买福特也可以。"

最后她在乔·吉拉德这儿买走了一辆雪佛莱，并开了一张全额支票。其实从头到尾乔·吉拉德的言语中都没有劝她放弃福特而买雪佛莱的话，只是因为吉拉德对她的关心使她感觉到了重视，契合了她当时的心理，于是她放弃了原来的打算，转而选择了乔·吉拉德的产品。

上面两则故事告诉了我们这样一个道理：无论面对什么样的人，解决什么样的问题，都要努力做到站在对方的角度看问题，这样，说出的话、提出的解决方案才能迎合对方的心理，使事情的进展更加顺利。

为对方着想，替自己打算

换位思维的行为主旨之一就是为对方着想。在生活中，若遇到只为自己的利益着想的人，我们常常会说这个人自私，鄙视其为人，自然就会很少与其来往。相反，若遇到的是一个能为他人着想的人，我们常常会敬佩其为人，也很乐意与他来往。推己及人，为了创建一个良好的人际交往环境，我们应该尽可能地为对方着想。

倘若期望与人缔结长久的友谊，彼此都应该为对方着想。钓不同的鱼，投放不同的饵。卡耐基说："每年夏天，我都去梅恩钓鱼。以我自己来说，我喜欢吃杨梅和奶油，可是我看出由于若干特殊的理由，鱼更爱吃小虫。所以当我去钓鱼的时候，我不想我所要的，而想鱼儿所需要的。我不以杨梅或奶油作为钓饵，而是在鱼钩上挂上一条小虫或是一只蚱蜢，放入水里，对鱼儿说：你喜欢吃吗？"

如果你希望拥有完美的人际关系，你为什么不采用卡耐基的方法去"钓"一个个的人呢？

依特·乔琪，美国独立战争时期的一位高级将领，战后依旧宝刀不老，雄踞高位，于是有人问他："很多战时的领袖现在都退休了，你为什么还能身居高位呢？"

他是这样回答的："如果希望官居高位，那么就应该学会钓鱼。钓鱼给了我很大的启示，从鱼儿的愿望出发，放对了鱼饵，鱼儿才会上钩，这是再简单不过的道理。不同的鱼要使用不同的钓饵，如果你一厢情愿，长期使用一种鱼饵去钓不同的鱼，你一定会劳而无功的。"

这的确是经验之谈，是智慧的总结。总是想着自己，不顾别人的死活，不管对方的感受，心中只有"我"，是不可能拥有完美的人际关系的。

为什么有些人总是"我"字当头呢？这是孩子的想法，是不近情理的作为，是长不大的表现。只要认真地观察一下孩子，你就会发现孩子那种"我"字当头的本性。当然，一个人如果完全不关注自己的需要，那是不可能的，也是不切实际的。因此，关注你自己的需要，这是可以理解的，可是如果你信奉"人不为己，天诛地灭"，变成了一个十足的利己主义者，那么，你就会对他人漠不关心，难道还希望他人对你关怀备至吗？

卡耐基说，世界上唯一能够影响对方的方法，就是时刻关心对方的需要，并且想方设法满足对方的这种需要。在与对方谈论他的需要时，你最好真诚地告诉对方如何才能达到目的。

有一次，爱默逊和他的儿子要把一头小牛赶进牛棚里去，可是父子俩都犯了一个常识性的错误，他们只想到自己所需要的，没有想到那头小牛所需要的。爱默逊在后面推，儿子在前面拉。可是那头小牛也跟他们父子一样，也只想自己所想要的，所以挺起四腿，拒绝离开草地。

这种情形被旁边的一个爱尔兰女佣看到了。这个女佣不会写书，也不会做文章，可是至少在这次，她懂得牲口的感受和习性，她想到这头小牛所需要的。只见这个女佣把自己的拇指放进小牛的嘴里，让小牛吮吸拇指，女佣使用很温和的方法把这头倔强的小牛引进了牛棚。

这些道理都是浅显明白的，任何人都能够掌握这种技巧。可这种"只想自己"的习惯也不是很容易就能改变的，因为你自从来到这个世界上，你所有的举动、出发点都是为了你自己。

亨利·福特说："如果你想拥有一个永远成功的秘诀，那么这个秘诀就是站在对方的立场上考虑问题——这个立场是对方感觉到的，但不一定是真实的。"

这是一种能力，而这种能力就是你获得成功的技巧。

换位可以使说服更有效。换位思维可以洞察对方的心理需求，便于及时调整自己，寻找自己与对方的相同点，使谈话的氛围更轻松，在不知不觉中使对方认同自己的观点。

让我们先来看一看发生在古代的一个成功说服他人的真实故事。

《战国策》中记载了触龙说赵太后的故事：赵太后刚刚执政，秦国就急忙进攻赵国。赵太后向齐国求救。齐国说："一定要用长安君来做人质，援兵才能派出。"赵太后不肯答应，大臣们极力劝谏。太后公开对左右近臣说："有谁敢再说让长安君去做人质，我一定唾他！"

左师公触龙愿意去见太后。太后气冲冲地等着他。触龙慢慢挪动着脚步，到了太后面前谢罪说："老臣脚有毛病，竟不能快跑，很久没来看您了。我私下原谅自己，又总担心太后的贵体有什么不舒适，所以想来看望您。"太后说："我全靠坐辇车走动。"触龙问："您每天的饮食该不会减少吧？"太后说："吃点稀粥罢了。"触龙说："我近来很不想吃东西，自己却勉强走走，每天走上三四里，就慢慢地稍微增加点食欲，身上也比较舒适了。"太后说："我做不到。"太后的怒色稍微消解了些。

左师说："我的儿子舒祺，年龄最小，不成才；而我又老了，私下疼爱他，希望能让他递补上黑衣卫士的空额，来保卫王宫。我冒着死罪禀告太后。"太后说："可以。年龄多大了？"触龙说："15岁了。虽然还小，希望趁我还没入土就托付给您。"太后说："你们男人也疼爱小儿子吗？"触龙说："比妇人还厉害。"太后笑着说："妇人更厉害。"触龙回答说："我私下认为，您疼爱燕后就超过了疼爱长安君。"太后说："您错了！不像疼爱长安君那样厉害。"左师公说："父母疼爱子女，就得为他们考虑长远些。您送燕后出嫁的时候，摸着她的脚后跟哭泣，这是惦念并伤心她嫁到远方，也够可怜的了。她出嫁以后，您也并不是不想念她，可您祭祀时，一定为她祷告说：'千万不要被赶回来啊。'难道这不是为她做长远打算，希望她生育子孙，一代一代地做国君吗？"太后说："是这样。"

左师公说："从这一辈往上推到三代以前，一直到赵国建立的时候，赵王被封侯的子孙还后继有人吗？"赵太后说："没有。"触龙说："不光是赵国，其他诸侯国君被封侯的子孙，他们的后人还有在的吗？"赵太后说：

"我没听说过。"左师公说:"他们当中祸患来得早的就降临到自己头上,祸患来得晚的就降临到子孙头上。难道国君的子孙就一定不好吗?这是因为他们地位高而没有功勋,俸禄丰厚而没有功绩,占有的珍宝却太多了啊!现在您把长安君的地位提得很高,又封给他肥沃的土地,给他很多珍宝,而不趁现在这个时机让他为国立功,一旦您百年之后,长安君凭什么在赵国站住脚呢?我觉得您为长安君打算得太短了,因此我认为您疼爱他不如疼爱燕后。"太后说:"好吧,任凭您指派他吧。"

于是太后就替长安君准备了一百辆车子,送他到齐国去做人质。齐国的救兵才出动。

这的确是令人叹为观止的"移情—换位"的典范。触龙通过换位思维,成功地将赵太后说服,可谓深知换位之魅力。

现实生活中,我们经常需要说服他人。说服就是使他人认同自己的观点和想法,以成功达到自己的目的。

一般来说,善于说服他人的人,都是善于揣摩他人心理的人。要说服他人,就得让对方觉得自己被接受、被了解,让人觉得你将心比心,善解人意。人的内心情感可以在他的举止、言谈中流露出来,但正如浮在水面之上的冰山只占总体积的10%一样,人的情绪的90%是我们的肉眼看不到的。这就要求我们去深入了解对方的内心世界,加以观察体会,细心揣摩,并采取适当的行动来满足对方的需要,建立信任感,从而使说服更有成果、更有效率。只有在满足别人需要的前提下,才能达到自己的目的,获得双赢。

可见,说服他人的第一关就是要进行换位思维,在了解自己的需要基础上,站在对方的立场,揣摩对方的心理,体会对方的需求。只有这样,你才知道自己能够放弃什么和不能放弃什么,所谓知己知彼,方能百战百胜。否则,被说服的对象很可能就是你自己。

换位思考的时候,切忌情绪化,发怒、过于激动、过于高兴、伤感的情绪都会使你不能有效地思考,从而削弱你的判断能力,使换位思维无法真正到位。

说服是鼓动而不是操纵,最好的说服是使对方认为这就是他们的想法。

关键的一点就是通过换位思维，发现对方的心理需求后，及时地调整自己，挖掘自己与对方的相同点，因为人们一般都倾向于喜欢和认同与自己类似的人，这样，说服工作就可能更深入一步。

春秋时期纵横家鬼谷子就很好地为我们总结了说服他人的道理：跟智慧的人说话，要靠渊博；跟高贵的人说话，要靠气势；跟笨拙的人说话，要靠详辩；跟善辩的人说话，要靠扼要；跟富有的人说话，要靠高雅；跟贫贱的人说话，要靠谦敬；跟勇敢的人说话，要靠勇敢；跟有过失的人说话，要靠鼓励。

而这一切的前提和关键都是必须进行换位思考，只有在揣摩清楚对方的心理后才能达到说服的目的。

己所不欲，勿施于人

"己所不欲，勿施于人"是换位思维的一个核心理念，当我们能切身地领悟到这种境界时，有许多不理解的事都会豁然开朗。

当你做错了一件事，或是遇到挫折时，你是期望你的朋友说一些安慰、鼓励的话，还是希望他们泼冷水呢？也许你会说："这不是废话吗，谁会希望别人泼冷水呢？"可是，当你对别人泼冷水时，可曾注意到别人也有同样的想法？事实上，很多人都没有注意到这一点。

美国《读者文摘》上发表过一篇名为《第六枚戒指》的文章，很形象地说明了换位思考给我们的心灵带来的震动。

美国经济大萧条时期，有一位姑娘好不容易找到了一份在高级珠宝店当售货员的工作。在圣诞节的前一天，店里来了一个30岁左右的男性顾客，他衣着破旧，满脸哀愁，用一种不可企及的目光，盯着那些高级首饰。

这时，姑娘去接电话，一不小心把一个碟子碰翻，6枚精美绝伦的戒指落到地上。她慌忙去捡，却只捡到了5枚，第6枚戒指怎么也找不着了。这时，她看到那个30岁左右的男子正向门口走去，顿时意识到戒指被他拿去了。当男子的手将要触及门把手时，她柔声叫道："对不起，先生！"那男子转过身来，两人相视无言，足有几十秒。"什么事？"男人问，脸上的肌肉在抽搐，他再次问："什么事？""先生，这是我头一回工作，现在找个工作很难，想必你也深有体会，是不是？"姑娘神色黯然地说。

男子久久地审视着她，终于一丝微笑浮现在他的脸上。他说："是的，确实如此。但是我能肯定,你在这里会干得不错。我可以为你祝福吗?"他向前一步,把手伸给姑娘。"谢谢你的祝福。"姑娘也伸出手,两只手紧紧地握在一起,姑娘用十分柔和的声音说:"我也祝你好运!"

男子转过身,走向门口,姑娘目送他的背影消失在门外,转身走到柜台,把手中的第6枚戒指放回原处。

"己所不欲,勿施于人"的道理更能说明善待别人就是善待自己这个道理。可以说,任何一种真诚而博大的爱都会在现实中得到应有的回报。在我们运用换位思维的时候,当我们真诚地考虑到对方的感受和需求而多一分理解和宽容时,意想不到的回报便会悄然而至。

多年以前,在荷兰一个小渔村里,一个勇敢的少年以自己的实际行动使全村人懂得了为他人着想也就是为自己着想的道理。

由于全村的人都以打鱼为生,为了应对突发海难,人们自发组建了一支紧急救援队。

一个漆黑的夜晚,海面上乌云翻滚,狂风怒吼,巨浪掀翻了一艘渔船,船员的生命危在旦夕,他们发出了SOS求救信号。村里的紧急救援队收到求救信号后,火速召集志愿队员,乘着划艇,冲入了汹涌的海浪中。

全村人都聚集在海边,翘首眺望着云谲波诡的海面,他们每人举着一盏提灯,为救援队照亮返回的路。

一小时之后,救援队的划艇终于冲破浓雾,乘风破浪,向岸边驶来。村民们喜出望外,欢呼着跑上前去迎接。

但救援队的队长却告诉大家:由于救援艇容量有限,无法搭载所有遇险人员,无奈只得留下其中的一个人,否则救援艇就会翻覆,那样所有的人都活不了。

刚才还欢欣鼓舞的人们顿时安静了下来,才落下的心又悬到了嗓子眼儿,人们又陷入了慌乱与不安中。这时,救援队队长开始组织另一批队员前去搭救那个留下来的人。16岁的汉斯自告奋勇地报了名。

他的母亲忙抓住了他的胳膊,用颤抖的声音说:"汉斯,你不要去。10年前,你父亲就是在海难中丧生的,而一个星期前,你的哥哥保罗出了海,到现在连一点消息也没有。孩子，你现在是我唯一的依靠了，求求你千万不要去。"

看着母亲那憔悴的面容和近乎乞求的眼神，汉斯心头一酸，泪水在眼中直打转，但他强忍住没让它流下来。

"妈妈，我必须去！"他坚定地答道，"妈妈，你想想，如果我们每个人都说：'我不能去，让别人去吧！'那情况将会怎样呢？假如我是那个不幸的人，妈妈，你是不是也希望有人愿意来搭救我呢？妈妈，你让我去吧，这是我的责任。"汉斯张开双臂，紧紧地拥吻了一下他的母亲，然后义无反顾地登上了救援队的划艇，冲入无边无际的黑暗之中。

10分钟过去了，20分钟过去了……一小时过去了。这一小时，对忧心忡忡的汉斯的母亲来说，真是太漫长了。终于，救援艇再次冲破迷雾，出现在人们的视野中。岸上的人群再一次沸腾了。

靠近岸边时，汉斯高兴地大声喊道："我们找到他了，队长。请你告诉我妈妈，他就是我的哥哥——保罗。"

这就是人生的报偿。

拿破仑入侵俄国期间，有一回，他的部队在一个十分荒凉的小镇上作战。

当时，拿破仑意外地与他的军队脱离，一群俄国哥萨克士兵盯上了他，在弯曲的街道上追逐着他。慌忙逃命之中，拿破仑潜入僻巷一个毛皮商的家。当拿破仑气喘吁吁地逃入店内时，他连连哀求那毛皮商："救救我，救救我！快把我藏起来！"

毛皮商就把拿破仑藏到了角落的一堆毛皮底下，刚安排完，哥萨克人就冲到了门口，他们大喊："他在哪里？我们看见他跑进来了！"

哥萨克士兵不顾毛皮商的抗议，把店里给翻得乱七八糟，想找到拿破仑。他们将剑刺入毛皮内，还是没有发现目标。最后，他们只好放弃搜查，悻悻离开。

过了一会儿，当拿破仑的贴身侍卫赶来时，毫发无损的拿破仑这才从那堆毛皮下钻出来，这时，毛皮商诚惶诚恐地问拿破仑："阁下，请原谅我冒昧地对您这个伟人问一个问题：刚才您躲在毛皮下时，知道可能面临最后一刻，您能否告诉我，那是什么样的感觉？"

谁都可以想象到，方才的一幕有多么惊心动魄，但是，拿破仑作为一国首领，他无法在自己的士兵面前表现出胆怯，也就无法将自己的感受用语言告诉毛皮商。于是，拿破仑站稳身子，愤怒地回答："你，胆敢对拿破仑皇帝问这样的问题！卫兵，将这个不知好歹的家伙给我推出去，蒙住眼睛，毙了他！我，本人，将亲自下达枪决令！"

卫兵捉住那可怜的毛皮商，将他拖到外面面壁而立。

被蒙上双眼的毛皮商看不见任何东西，但是他可以听到卫兵的动静，当卫兵们排成一列，举枪准备射击时，毛皮商甚至可以听见自己的衣服在冷风中簌簌作响。他感觉到寒风正轻轻拉着他的衣襟、冷却他的脸颊，他的双腿不由自主地颤抖着，接着，他听见拿破仑清清喉咙，慢慢地喊着："预备——瞄准——"那一刻，毛皮商知道这一切无关痛痒的感伤都将永远离他而去，而眼泪流到脸颊时，一股难以形容的感觉自他身上喷涌而出。

经过一段漫长的死寂，毛皮商人忽然听到有脚步声靠近他，他的眼罩被解了下来——突如其来的阳光使得他视觉半盲，他还是感觉到拿破仑的目光深深地又故意地刺进他的眼睛，似乎想洞察他灵魂里的每一个角落，后来，他听见拿破仑轻柔地说："现在，你知道了吧？"

运用换位思维，要求我们在交际僵局出现时，把角色"互换"一下，这样，就很可能轻松打破僵局，为自己争取主动。让对方坐在自己的椅子上，对事物之间的位置关系进行互换，就能让对方理解自己的感受。

放大镜看人优点，显微镜看人缺点

在现实生活中，不难发现很多人因为一些磕磕碰碰便和他人吵架斗嘴，甚至大打出手。很多人甚至认为，对于别人的冒犯就应该"以牙还牙，以血还血"。他们容不得别人对自己的一丁点儿侵犯。在与他人交往的过程中，他们把别人身上的缺点无限放大，动不动就责怪他人。对于别人身上的优点呢？则以"这有什么了不起"为由对其嗤之以鼻。这种做法其实是非常可悲的。因为当一个人刻薄小气时，他绝不可能有什么出息。一个用"显微镜看人优点，放大镜看人缺点"的人，绝对不会获得美好的友谊和得到别人的帮助。

生活中，我们要善于发现别人身上的优点而不是缺点，努力学习别人的优点，这才是正确的行为。也只有以这种"放大镜看人优点，显微镜看人缺点"的心态，才能拥有宽广的胸襟，才能赢得别人的敬重和取得成功。

蔡元培先生就是一个有着大胸襟的人。他在担任北京大学校长时，学校曾有这么两个"另类"的教授。一个是持复辟论和主张一夫多妻制的辜鸿铭。辜鸿铭当时应蔡元培先生之请来讲授英国文学。辜鸿铭的学问十分广博而庞杂，他上课时，竟带一童仆为之装烟、倒茶，他自己则是"一会儿吸烟，一会儿喝茶"，学生焦急地等着他上课，他也不管，"摆架子，玩臭格"成了当时一些北大学生对辜鸿铭的印象。很快，就有人把这事反映到蔡元培那儿。然而蔡元培并不生气。他对前来反映情况的人解释说："辜鸿铭是通晓中西学问和多种外国语言的难得人才，他上课时展现的陋习固然不好，但这并不会给他的教授工作带来实质性的损害，所以他生活中的这些习惯我们应该宽容不较。"经过一段时间后，再也没有人来告状了，因为辜鸿铭的课堂里挤满了北大的学子。很多学生为他渊博的知识、学贯中西的见解而折服。辜鸿铭讲课从来不拘一格，天马行空的方式更是大受学生欢迎。

另一个人，则是受蔡元培先生的聘请，教中国古代文学的刘师培。根据冯友兰、周作人等人回忆，刘师培给学生上课时，"既不带书，也不带卡片，随便谈起来"，且他的"字写得实在可怕，几乎与小孩描红相似，而且不讲笔顺"，"所以简直不成字样"，这种情况很快也被一些学生、老师反映到蔡元培那儿。然而蔡元培微微一笑，说："刘师培讲课带不带书都一样啊，书都在他脑袋里装着，至于写字不好也没什么大碍啊。"后来学生们发现刘师培讲课是"头头是道，援引资料，都是随口背诵"，而且文章没有做不好的。

从蔡元培对待辜鸿铭和刘师培两位教授的态度，我们可见蔡元培量用人才的胸怀是何等求实、豁达而又准确。他把对师生个性的尊重与宽容发挥到了一种极高明的地步。为了改革北大，迅速壮大北大实力，他极善于抓住主要矛盾和解决问题的关键，把尊重人才个性与用人所长理智地结合起来。他曾精辟地解释道："对于教员，以学诣为主。在校讲授，以无悖于第一种之主张（循思想自由原则，取兼容并包主义）为界限。其在校外之言动，悉听自由，本校从不过问，亦不能代负责任。夫人才至为难得，若求全责备，则学校殆难成立。"

正是这种博大的胸襟，才使蔡元培能够发现真正的人才，也才使当时的北京大学有了长足的发展。美国著名人际关系学家卡耐基和许多人都是朋友，其中包括若干被认为是孤僻、不好接近的人。有人很奇怪地问卡耐基："我真搞不懂，你怎么能忍受那些老怪物呢？他们的生活与我们的一点儿都不一样。"卡耐基回答道："他们的本性和我们是一样的，只是生活细节上难以一致罢了。但是，我们为什么要戴着放大镜去看这些细枝末节呢？难道一个不喜欢笑的人，他的过错就比一个受人欢迎的夸夸其谈者更大吗？只要他们是好人，我们不必如此苛求小处。"

在现实生活里，我们应该学会以一种大胸襟来对待别人的缺点和过错。学会"容人之长"，因为人各有所长，取人之长补己之短，才能相互促进，学习才能进步；学会"容人之短"，因为金无足赤，人无完人，人的短处是客观存在的，容不得别人的短处就会成为"孤家寡人"；学会"容人之过"，因为"人非圣贤，孰能无过"，历史上凡是有所作为的伟人，都能容人之过。

朋友们，当我们拥有"以放大镜看人优点，以显微镜看人缺点"的大胸襟时，便拥有了众多的朋友，拥有了无尽的帮助，也拥有了通向成功的门票。

苛求他人，等于孤立自己

每个人都有可取的一面，也有不足的地方。与人相处，如果总是苛求十全十美，那么永远也交不到真心的朋友。在这一点上，曾国藩早就有了自己的见解。他曾经说过："盖天下无无瑕之才，无隙之交。大过改之，微瑕涵之，则可。"意思是说，天下没有一点儿缺点也没有的人，没有一点儿隔阂也没有的朋友。有了大的错误，要能够改正，剩下小的缺陷，人们给予包容，就可以了。为此，曾国藩总是能够宽容别人，谅解别人。

当年，曾国藩在长沙读书，有一位同学性情暴躁，对人很不友善。因为曾国藩的书桌是靠近窗户的，他就说："教室里的光线都是从窗户射进来的，你的桌子放在了窗前，把光线挡住了，这让我们怎么读书？"他命令曾国藩把桌子搬开。曾国藩也不与他争辩，搬着书桌就去了角落里。曾国藩喜欢夜读，每每到了深夜还在用功。那位同学又看不惯了："这么晚了还不睡觉，打扰别人的休息，别人第二天怎么上课啊？"曾国藩听了，不敢大声朗诵了，只在心里默读。一段时间之后，曾国藩中了举人，那人听了，就说："他把桌子搬到了角落，也把原本属于我的风水带去了角落，他是沾了我的光才考中举人的。"别人听他这么一说，都为曾国藩鸣不平，觉得那个同学欺人太甚。可是曾国藩毫不在意，还安慰别人说："他就是那样子的人，就让他说吧，我们不要与他计较。"

凡是成大事者，都有广阔的胸襟。他们在与别人相处的时候，不会计较别人的短处，而是以一颗平常心看待别人的长处，从中看到别人的优点，弥补自己的不足。如果眼睛只能看到别人的短处，那么这个人的眼里就只有不好和缺陷，而看不到别人美好的一面。生活中，每个人都可能会跟别人发生矛盾，如果一味地跟别人计较，就可能浪费自己很多精力。与其把自己的时间浪费在一些鸡毛蒜皮的小事上，不如放开胸怀给别人一次机会，也可以让自己有精力去做更多有意义的事情。

《禅心禅境》中有这样一个故事：一位在山中茅屋修行的禅师，有一天趁月色到林中散步，在皓洁的月光下，突然开悟。他喜悦地走回住处，看到自己的茅屋有小偷光顾。找不到任何财物的小偷要离开的时候在门口遇见了禅师。原来，禅师怕惊动小偷，一直站在门口等待。他知道小偷一定找不到任何值钱的东西，就把自己的外衣脱掉拿在手上。小偷遇见禅师，正感到惊愕的时候，禅师说："你走那么远的山路来探望我，总不能让你空手而回呀！夜凉了，你带着这件衣服走吧！"说着，就把衣服披在小偷身上，小偷不知所措，低着头溜走了。禅师看着小偷的背影穿过明亮的月光消失在山林之中，不禁感慨地说："可怜的人呀！但愿我能送一轮明月给他。"禅师目送小偷走了以后，回到茅屋赤身打坐，他看着窗外的明月，进入空境。第二天，他睁开眼睛，看到他披在小偷身上的外衣被整齐地叠好，放在了门口。禅师非常高兴，喃喃地说："我终于送了他一轮明月！"

面对盗贼，禅师既没有责骂，也没有告官，而是以宽容的心原谅了他，禅师的宽容和原谅终于换得了小偷的醒悟。可见，宽容比强硬的反抗更具有感召力。可是，我们与别人发生矛盾时，总想着与别人争出高低来，却往往因为说话的态度不好，使得两个人吵起来，甚至大打出手。其实，牙齿哪有不碰到舌头的。很多事情忍耐一下，也就过去了。有些矛盾的产生，别人也不一定是故意的，我们给予他包容，他可能会主动认识错误，也给自己减少了很多麻烦。

对自己要求高些

我们每个人都渴望成功,我们用尽一生的时间在追求成功。但决定成功的因素是什么?金钱、地位、教育还是头脑?让我们看看那些成功人士是怎么说的。

摩根的名字几乎无人不知。他在欧洲发行美国公债,大搞钢铁垄断,并且推行全国铁路联合。他有一次接受某知名媒体记者的采访,当被问及成功的条件是什么时,他曾这样说:"你现在所想的和所做的,将会决定你未来的命运。"

当有个学生问巴菲特和比尔·盖茨是怎样变得比上帝还富时,巴菲特这样回答:"原因不在智商。为什么聪明的人会做一些阻碍自己发挥全部功效的事情呢?原因在于他的习惯、性格和脾气。"对于这一观点,盖茨也十分赞同。

著名心理学家、哲学家威廉·詹姆士说过:"播下一个行动,你将收获一种习惯;播下一种习惯,你将收获一种性格;播下一种性格,你将收获一种命运。"我们知道,态度是我们思想的外在表现,而思想又决定行动,行动则决定我们的命运。因此,也可以说决定我们命运的是我们自己。

我们除了生活在现实里,还应该生活在自己的思想里,所以,思想可以塑造我们的人生。

古印度有这样一个传说:梵天是众生之父。当时地球上的所有人都是神,但是他们却滥用自己的职权,胡作非为。梵天被惹怒了,便决定收回人类所拥有的神性，把它藏到人类永远找不到的地方。

于是众神便商量着把它藏在哪里才不会让人类找到。有的神建议："把它埋藏在地下。"梵天说："不行，因为人类会挖掘到地层深处并找到它。"又有的说："将它藏在最深的海底。"梵天还是说："不行，因为人类可以潜水，到时还是会找到它。""那就把它藏在最高的山上。"另一个神说。但梵天还是摇摇头："总有一天人类会爬遍所有的高山，到时还是会找到它。"众神面面相觑，问梵天到底将它藏在哪里才不会被人类找到。梵天说："藏在人类身上，那样他们就永远都找不到它。"众神表示赞同。于是，神性就被藏于我们每个人的身上，而这种神性就是埋藏在我们心灵深处的种子，它会带着我们向不同的方向伸展。

我们的人生，就是在寻找着自身的神性，因而我们都在锤炼自己的心性。因为，只有我们的心性才能影响到我们的成败。

汉高祖刘邦是大汉朝的开国皇帝。他以一介布衣夺得了天下，开创了几百年的基业，这和他的心性是相关的。刘邦是太极性格，亦刚亦柔，亦阳亦阴，所以他可以变化万千，没有什么可以伤得了他。太极的浑圆之中又蕴藏着巨大的杀气，因而他浑身上下也无处不是圆的柔和与攻击的锐气。

刘邦生于一个农民家庭，但他不喜欢务农，于是便出任了泗水亭长。这是个极小的官，连国家俸禄都没有，却让他有了接近上层官员的机会。而这时他人性中圆滑的一面便显露了出来，他可以与任何人相处，也可以把众多的人团结在一起。

一次刘邦奉县令之命带人去修骊山陵墓，但刚离开沛县不远便有大量的人纷纷逃走。这让他很头疼，因为按照秦朝的律法，如果带的囚徒逃亡过半，那么就会被处斩。在泽中亭，他与囚徒们共饮。到了晚上，便趁夜色解下囚徒身上的绳索，放他们逃走，而自己则逃进山林中去了。从这里，可以看出他的刚，因为他没有墨守成规，而是积蓄力量再待时机。

刘邦所使用的正是太极的特点，他一松一紧，一柔一刚，一慢一快，一虚一实，因此可以演变出千招万势的景象，令对方摸不清头绪。而鸿门宴便是对他这种人性的最好写照。

当时楚怀王曾允诺：先入关者王之。刘邦比项羽先进入咸阳，所以按理他应该成为关中王。但当时项羽势力强大，尽管刘邦当时已有十余万人马，但与项羽比起来仍处于劣势。项羽进驻鸿门，使刘邦再一次面临危机。

当时项羽打算灭掉刘邦，项伯与张良关系甚好，得知这一消息后，便快马加鞭赶到汉营，把项羽的计划告诉了张良。刘邦闻讯后，邀项伯入帐，举酒为他祝寿并约为儿女亲家，并对项伯说自己丝毫无忘恩负义之心，请项伯在项羽面前替他求情。项伯答应了刘邦的请求，并让他第二天亲自去鸿门向项羽谢罪。刘邦来到项羽的兵营之后，处处表现得谦恭有礼。然后项羽给刘邦设宴，宴席之上，范增几次示意项羽除掉刘邦，但当时项羽被刘邦的假象所蒙蔽，对范增的暗示无动于衷。范增见项羽毫无反应，便安排项庄舞剑，名为祝酒，实为刺杀刘邦。项伯看出了他们的企图，于是也拔剑起舞，并时时用身体保护刘邦，使项庄没有机会接近刘邦。樊哙在张良的安排下闯入帐中，双目圆睁，严厉地斥责项羽："怀王与诸将约定先破咸阳者为关中王。沛公先入咸阳，秋毫无所犯，退军驻扎霸上，等大王你来，派人守关也是为了防止盗贼出入。沛公劳苦功高，你不但没有封赏，还听信谗言欲除之而后快，这岂不是重蹈亡秦的覆辙吗？"项羽脾气一向暴躁，但听完这番话却丝毫没有反应。刘邦知项羽已动摇，于是便借口上厕所离席外出，丢下骑兵，只身骑马，只留樊哙等四人保护，抄小路回到自己军中，摆脱了危险。在这里，他人性中阴柔的一面又得以体现。他知进退，招数顺势而生，则可以静制动，以柔克刚。而项羽则不同，他只知进不知退，不曲折求和，四面楚歌之时本可东渡乌江，但他宁折不弯，只好让乌江成为自己的葬身之地。

每个人都渴望成功，因为成功不仅意味着财富，意味着地位，还意味着人生最大价值的实现。成功不是某些人的专利，只要你有强烈的信念，你有执着的追求，那么你就一定能够取得成功。这就要求我们充分发挥自己性格中的优势，就像刘邦那样，哪怕当初只是一介草民，最后却可以君临天下。成功不会偏爱任何人，无论王侯将相还是平头百姓，它都一视同仁，关键是看你自己。

做最踏实的自己

我们如何做一个最踏实的自己呢？斯托克博士说："那就是把智慧和才能交给那些会使用的人。通过使用我们的肌肉力量，我们的身体变得更强壮；通过使用我们的思想，我们的智力增加了；通过使用我们的精神力量，这些力量也得到了增强。我们不会因为思考而使智力减退，也不会因为显示了爱和同情心而使精神感到疲倦。只要我们能够面对一切，我们就能做一个踏实的自己。"

我们怎样才能铲除一切阻碍，做最踏实的自己呢？我们知道，大凡有所作为的人，都是障碍跑中的胜利者，在他们看来，无论是面对工作还是生活，只有经历大量的痛苦、大量的磨难，才能做一个最踏实的自己，只有排除一切困难，才能以一种大智大勇的精神去与困难作斗争。

从前，有个流浪的艺人，虽然才四十几岁，但是骨瘦如柴，形容枯槁，医生诊断的结果是绝症。临终前，他把年仅十六岁的独子找来，叮咛着："你要好好读书，不要像我一样，年轻力壮的时候不奋发图强，到了老年，悲伤也没用了。我年轻时好勇斗狠，日夜颠倒，烟酒都来，正值壮年就得了绝症。你要谨记在心，不要再走我的老路。我没读什么书，没什么大道理可以教你，但你要记住《长乐府诗集·长歌行》这首诗：'百川东到海，何时复西归。少壮不努力，老大徒伤悲。'"

说完，他咽下最后一口气，十六岁的儿子却仍然两眼发呆地站立一旁。

长大后，他儿子仍然在酒家、赌场闹事，有一次与客人起冲突，因出手过重而闹出人命，被捕坐牢。出狱后，人事全非，他发觉不能再走老路，但是却无一技之长，无法找个正当的工作，只好下定决心，回到乡下，靠做一些杂工维生。

由于他年轻时无法体会父亲的临终遗言，耽误了终身大事，年近半百才成婚。虽然年事渐长，逐渐能体会父亲临终前交代的话，但似乎为时已晚。他的体力一天不如一天，一年不如一年，面对着无法支撑起来的家，心里有着无限的忏悔与悲伤。

有个夜晚，他喝点酒，带着酒意，把十六岁的儿子叫到跟前。他先是一愣，这不就是当年十六岁的自己嘛！父亲临终前交代遗言的景象在脑海中显现，他自责地喃喃自语："我怎么没把那句话听进去啊。"

说着，眼泪直滴脸颊，儿子站在面前，懂事地安慰着："爸爸，您喝醉了，早点休息吧！"

"我没有醉，我要把你爷爷交代我的话告诉你，你要牢牢记住。"

"爸爸！什么话这么重要呀！"

"当年你爷爷临终时让我记住一首诗：'百川东到海，何时复西归。少壮不努力，老大徒伤悲。'可是我当时没有听进去，也没有明白其中所指的含义。结果我用一生的代价才明白了这首诗的道理，但为时已晚。"

一个人要想走向成功，只有踏踏实实地做事，老老实实地做人，这样才能走向成功。但是，在我们的生活中，很多人却没有这样做，他们总是得过且过，做一天和尚撞一天钟，结果浪费了大好时光。事实上，如果我们能够从今天起专注地去做好一件事，我们就会走向成功。只要我们能够明白一个按照自我愿望行动的普通人可以胜过一个处处受束缚的天才，那么无论是年轻还是年老，贫穷还是富有，我们都能保证自己一生都在追求成长，让生命中的每一天都过得快乐、富有和进取，我们就会愿意去迎接挑战并与他人分享。只要我们具备了踏实做人的态度，那么我敢保证，我们一定会成功。

做最好的自己

一位哲学家曾经告诉我们：一个人只有确定自己在生活中做最好的自己，才会越来越接近成功，直至最终获得成功。他说："财富、名誉、地位和权势不是测量成功的尺子，唯一能够真正衡量成功的是这两个事物之间的比率：一方面是我们能够做的和我们能够成为的，另一面是我们已经做的和我们已经成为的。"

每个人都会面临信仰和决心的挑战，当挑战到来，我们要全身心地投入到挑战中去，不要犹犹豫豫，而是立即采取行动，去与困难作斗争。这样，无论我们在工作中遇到多大的困难，都会自始至终地用积极、理性的态度去对待，都会用坚定的决心和充足的勇气去战胜它。

巴顿将军有句名言："一个人的思想决定一个人的命运。"不敢向高难度工作进行挑战，是对自己潜能的画地为牢，只能使自己无限的潜能化为有限的成就。与此同时，无知的认识会使自己的天赋减弱，不敢去挑战自我，甘于做一个平庸的人，这样的人一辈子会像懦夫一样生活，终生无所作为。

巴顿将军在校期间一直注意锻炼自己的勇气和胆量，有时不惜拿自己的生命当赌注。

在一次轻武器射击训练中，巴顿的行为使在场的教官和同学都吓出了一身冷汗。事情是这样的：同学们轮换射击和报靶。在其他同学射击时，报靶者要趴在壕沟里，举起靶子，射击停止时，将靶子放下报环数。轮到巴顿报靶时，他突然萌生了一个怪念头：看看自己能否勇敢地面对子弹而毫不畏缩。当时同学们正在射击，巴顿本应该趴在壕沟里，但他却一跃而起，子弹从他身边嗖嗖地飞过。真是万幸，他居然安然无恙。

另一次是他用自己的身体做电击的实验。在一次物理课上，教授向同学们展示一个直径为12英寸长、放射火花的感应圈。有人提问：电击是否会致人死命？教授请提问者进行实验，但这个学生胆怯了，拒绝进行实验。课后，巴顿请求教授允许他进行实验。他知道教授对这种危险的电击毫无把握，但巴顿认为这恰是考验自己胆量的良机。教授稍微迟疑后同意了他的请求。带着火花的感应圈在巴顿的胳膊上绕了几圈，他挺住了。当时他并不觉得怎么疼痛，只感到一种强烈的震撼。但此后的几天，他的胳膊一直是硬邦邦的。他两次证明了自己的勇气和胆量。

"我一直认为自己是个胆小鬼，"他写信对父亲讲，"但现在我开始改变这一看法。"

大家都知道巴顿将军毕业于西点军校，对西点学员来说，这个世界上不存在"不可能完成的事情"。不断挑战极限是每个学员的乐趣，只有超乎常人的困境才会让他们从中得到锻炼。而在现实生活中，我们只有具备挑战精神，才是我们获得成功的基础。

当然，在挑战自我的过程中，我们需要鼓足勇气，去做自己应该做的事，去充分发挥自己的才干、机智与能力，不以到达终点为最终目的。即使到达终点了也要继续前进，永不休止，勇往直前。尽管在这个过程中会经受人生中的艰难困苦，但也要意识到这只是一个过程，只有自己永不言败，永不放弃，向自己挑战，才能走向成功。看看那些颇有才学的人，他们具有很强的能力，而且有的条件还十分优越，结果却失败了，就是因为他们缺乏一种挑战自我的勇气。他们在工作中不思进取，随遇而安，对不时出现的那些异常困难的工作，不敢主动发起"进攻"，一躲再躲，恨不得逃到天涯海角。他们认为：要想保住工作，就要保持熟悉的一切，对于那些颇有难度的事情，还是躲远一些好，否则，就有可能被撞得头破血流。结果，终其一生，也只能从事一些平庸的工作。

我们面对这样的人，能为他做些什么呢？我认为一个人一定要有自己的目标，要有信心，并且要有自己的价值观，只有这样，我们在挑战自我时，才能不断地问自己：我要去哪里？我现在的目标、信仰和价值观在哪里？现在它们要带我到哪里去？我是否正朝着我想要去的地方前进呢？如果我一直照着这样走下去的话，我最终的目的地是哪里呢？所以说，人生最大的挑战就是挑战自己，这是因为其他敌人都容易战胜，唯独自己是最难战胜的。有位作家说得好："把自己说服了，是一种理智的胜利；自己被自己感动了，是一种心灵的升华；自己把自己征服了，是一种人生的成熟。大凡说服了、感动了、征服了自己的人，就有力量征服一切挫折、痛苦和不幸。"

相信自己

你对自我价值的评估，声音是如此洪亮、如此有力，以至于人们本能地认为：你所说出的每句话都是这种价值的体现。相信自己，你就会获得属于你的礼物，这些礼物会提升你，为你戴上成功的桂冠。相信自己！所有大事业、大成功，起初都存在于大脑当中，存在于大计划中，并与伟大心智契合。

在强烈的自信心产生之前，在突然瞥见更高更强的自己之前，没有人能够走向很远或表现出很强大的实力。当鸟儿在冬天来临之际依靠本能飞向南方时，造物主不会因为没有给予它们阳光灿烂的南方而嘲笑鸟儿的愚蠢；同样，造物主不会因为没有给予人类实现无穷目标的能力而嘲笑人类实现理想的欲望。

你的一生能够获得的成就，完全取决于你自己。你得到了孜孜以求的东西，正是因为你的思想创造了它，你内心的某样东西吸引了它，你的心灵因为它而充满激情。

实现理想的过程只是寻找自我、走向自我的过程。当你看到一个人在某个领域做出了令人瞩目的成就，一定要记住他在成功之前就已经把自己放在了成功的位置上，正是他的精神姿态和工作干劲创造了现在的成就，正是他对人生、对同事、对职业以及对自我的态度使他走向辉煌。

所有获得伟大成就的人都是对自我有深刻认识的人。如要我给年轻人一句忠告，那便是"尽一切可能相信自己"。也就是说，相信命运掌握在自己的手中，相信在自己身体里有一股力量。这股力量一旦被释放出来，加上忘我的拼搏，不仅能把你塑造成为成功者，还能使你变得快乐。

取得成就对一个人非常重要，但是强烈而坚定的自信更重要，因为没有后者，前者几乎是不可能的。

相信自己的优秀品质，相信自己能得到世界上最好的东西，只有这样才能准确定位自己，将对成功的渴望化为真实的行动，才能最大限度地发挥自己的能力，在看似不可能完成的任务面前，更高更快更强地用信念创造幸福快乐的生活。

船王包玉刚年轻时虽只有一条破船，却不认为这是条毫无价值的船，他认为这条船能给他带来财富。于是他勇敢地驾着这条破船闯大海，一时间看热闹的人无数，嘲笑和讥讽铺天盖地而来，而包玉刚并不在乎，他相信自己成功是迟早的事。

包玉刚知道自己不是航运家，但他有比航运家更大的自信心。他看好航运业并非异想天开，根据在从事进出口贸易时获得的信息，他坚信海运将会有很大发展前途。经过一番认真分析，他认为香港背靠内地、通航世界，是商业贸易的集散地，其优越的地理环境有利于从事航运业。此时包玉刚已经37岁，但他下定决心搞海运，他确信自己能在大海上开创一番事业。于是，他抛开了他所熟悉的银行业、进口贸易，投身于他并不熟悉的航海业，当时人们对他的举动纷纷讥笑讽刺。的确，对于穷得连一条旧船也买不起的外行，谁也不肯轻易把钱借给他，人们一点都不相信他会成功。但是包玉刚坚定地相信自己，他四处借贷，虽到处碰壁，但他经营航运的决心却更加强了。后来，在一位朋友的帮助下，他终于贷款买来一条已有20年航龄的烧煤旧货船。此后，包玉刚就靠这条整修一新的船，扬帆起锚，开始做航运了。他抓住有利时机，正确决策，不断发展壮大自己的事业，终于成为"世界船王"。

后来，包玉刚在回顾自己奋斗的历程时，说道："一个不自信的人永远不能成功，而当年我在那么多人的嘲笑中站起来，迎向胜利，凭的就是这股自信、不服输的劲头。"

我们或许总是会因为某一件极其微小的事情而情绪低落，对自己失去自信，或者倍感自卑，我们常常觉得自己的能力、品质等自身素质过低，心理承受力弱，不敢面对困难，经受一点挫折便灰心丧气……这都是缺乏信心的表现，这种自卑的心理会给自己甚至社会带来极大的负面影响。自卑的人应该自我反省，有意识地通过锻炼来增强自己的自信心。

世间力量最大的便是信心，一个人没有了信心，就犹如没有灵魂的行尸走肉。石油大王洛克菲勒在给儿子的信中谈到关于信心的问题："信心的大小决定了成就的大小。我从不相信失败是成功之母，我相信信心是成功之父。

我们做事"能"和"不能"完全取决于信心的大小，坚定的自信便是成功的源泉。不论才干大小、天资高低，成功都取决于坚定的自信力。相信能做成的事，一定能够成功。反之，不相信能做成的事，那就绝不会成功。世上无难事，只要肯攀登。"你做不到"并非真理，除非你确实反复试过，否则任何人无权对你说"不可能"。一个想当元帅的士兵不一定就能当上元帅，但一个不想当元帅的士兵绝对当不上元帅，因为一个人不可能取得他并不想要或不敢要的成就。记住：你得在没有人相信你的时候，对自己深信不疑。一旦你开始退缩，你就永远踏不出成功的脚步。

然而现实中却有许多人这样想：世界上最好的东西，不是他们这一辈子所应该享有的。他们认为，生活上的一切快乐，都是留给一些命运的宠儿来享受的。有了这种卑贱的心理后，就不会有出人头地的观念。许多青年男女本来可以做大事、立大业，但实际上做着小事，过着平庸的生活，原因就在于他们自暴自弃，没有远大的理想，不具有坚定的自信。

米切尔说："其实成功没有什么秘密可言，当你在人生的天平上选择了自信作为砝码，那么，就意味着你踏上了一条成功的道路。"世上没有什么东西可以给我们足够的力量和勇气，唯有自信。自信是铁，自信是钢，它给我们的力量，让我们坚强，让我们有勇气面对风风雨雨，让我们在艰难的人生路上一往无前。所以说，只有自信的人才会在处理事情的时候采取主动的态度，在事情和自己的能力中寻求突破口，分析结果后自信地对待自己的问题，自信地解决所遇到的难题，最后，就会自信地走向成功。

第七章 人性思维的天使：控制自己的情绪

情绪是人类的本能反应，
可以被认为是心理状态的一种表现。
它们可以是积极的，例如喜悦、激动和兴奋，
也可以是消极的，例如恐惧、愤怒和沮丧。
我们的情绪能够影响我们的思考和行为，
但是如果我们允许情绪左右我们的心情，
就容易导致我们做出错误的决策。
因此，不让情绪左右你的心情是非常重要的。

打开心结，正确认识自己

"请尽快回答10次：我是谁？"一个看似简单却又难以回答的问题，让很多人陷入沉思："我是谁？我是一个什么样的人？我应该做一个怎样的人？""认识你自己"这句古希腊时就刻在神庙上的名言，至今仍有警示意义。许多人正是由于对自己没有一个清醒的认识，所以他们更容易自卑。

拿破仑·希尔认为，随着科学技术的日益发展，我们不断地了解着未知世界，可我们对自身的探索却始终停滞不前。正确地认识自己，才能认识整个世界，也才能接受世间的一切。我们企图通过别人的评价来认识自己，可是，无论别人的推心置腹显得多么明智、多么美好，从事物本身的性质来讲，自己应当是自己最好的知己。

如果我们仅仅依靠别人的评价，来构建一个虚拟的自我，那么你的情绪会经常处于波动中。每个人眼中的你都是不同的，甚至换一身衣服，他们就会对你有不同的评价，如果你的情绪随着不同的评价而忽高忽低的话，这对你来说是非常危险的。

认清自我，首先要了解自己的长处和短处，并根据自己的特长来锤炼自己，量力而行，根据自己周围的环境、条件，自己的才能、素质、兴趣等，确定前进方向，你就会在某一方面有所成就。所以，每个人都应该正确认识自我，并坚信"天生我材必有用"。

有这样一则寓言故事：

早晨，一只山羊在栅栏外徘徊，想吃栅栏内的白菜，可是它觉得自己进不去。因为早晨太阳是斜照的，所以山羊看到自己的影子很长很长。"我如此高大，一定能吃到树上的果子，不吃这白菜又有什么关系呢？"它对自己说。

于是，它奔向远处的一片果园。还没到达果园，已是正午，太阳照在头上。这时，山羊的影子变成了很小的一团。"唉，我这么矮小，是吃不到树上的果子的，还是回去吃白菜吧。"它对自己说，片刻又十分自信地说："凭我这身材，钻进栅栏是没有问题的。"

于是，它又往回奔跑。跑回栅栏外时，太阳已经偏西，它的影子重新变得很长很长。

此时山羊很惊讶："我为什么要回来呢？凭我这么高大的个子，吃树上的果子简直是太容易了！"山羊又返了回去，就这样，直到黑夜来临，山羊仍旧饿着肚子。

这则寓言故事看似可笑，却为我们揭示了一个深刻的道理：不能正确认识自我是很多人产生自卑情绪的原因。其实，正确认识自我最重要的一点，就是要认清自己的能力，知道自己适合做什么不适合做什么，长处是什么短处是什么，从而做到有自知之明，最后在社会中找到自己恰当的位置。

许多人谈论某位企业家、某位世界冠军、某位著名电影明星时，总是赞不绝口，可是一说到自己，便一声长叹："我永远不能成才！"他们认为自己没有能力，不会有出人头地的机会，理由是：生来比别人笨，没有高文凭，没有好的运气，缺乏可依赖的社会关系，没有资金，等等。其实，人生最大的难题莫过于——认识你自己！

那么，怎样才能真正认识自己呢？

1. 在比较中认识自我

想要了解自己，与别人相比较，是一种最简便、有效的途径。每当我们需要反躬自问"我在某方面的情况怎样"时，就会很自然地使用这种方法来判定自己的位置与形象。我们除了要不时和四周的人相比较，还会经常与某些理想的标准（的人）相比较。把他们作为比较的对象，以自己能否达到跟他们同样的标准作为成功或失败的衡量尺度。

2. 从交往态度中关照自我

一个人总是需要跟别人交往、共处的，因而别人对你的态度相当于一面镜子，可以观察到自身的一些情况。我们因为看不见自己的面貌，就得照镜子；同样，当我们无法准确地衡量自己的人格品质和行为时，就得利用别人对我们的态度和反应来进行自我判断。一般来说，对方与自己的关系愈密切，他的态度也愈有影响力。

3. 用实际成果检验自我

我们可以凭借工作的成果来评定自己。由于这种方法有比较客观的事实作为依据，因此能比较准确地认识自己。这里所指的工作是广义的，并不仅限于课业或生产性的行为。由于每个人所具有的才能不相同，如果只是看他们在少数项目上的成就，往往不能全面衡量一个人的才能。

但是，在认识自我的过程中，必须寻找一些信得过的证据，否则将所有人、所有事都作为自己的参照系，最后还是不能准确地认识自我。一旦我们形成自我认识，就要自信一些，这样，自卑情绪才不会见缝插针影响我们的情绪。

自卑的人，一遇到失败，就会全面否定自己，结果是对什么都不感兴趣，忧郁、烦恼、焦虑便纷至沓来。倘若遇到更大的困难或者挫折，更是长吁短叹，消沉绝望。失败本身已经是伤害，再因为失败而让自己情绪失控，就是一种非常不理智的做法。

一位父亲带着儿子去参观凡·高故居，在看过那张小木床及裂了口的皮鞋之后，儿子问父亲："凡·高不是百万富翁吗？"父亲答："凡·高是位连妻子都没娶上的穷人。"

第二年，这位父亲带儿子去丹麦，在安徒生故居前，儿子又困惑地问："爸爸，安徒生不是生活在皇宫里吗？"父亲答："安徒生是位鞋匠的儿子，他就生活在这栋阁楼里。"

这位父亲是一个水手，他每年往来于大西洋各个港口；儿子叫伊东·布拉格，是美国历史上第一位获普利策奖的黑人记者。20年后，在回忆童年时，伊东·布拉格说："那时我们家很穷，父母都靠卖苦力为生。有很长一段时间，我一直认为像我们这样地位卑微的人是不可能有什么出息的。好在父亲让我认识了凡·高和安徒生，这两个人告诉我，上帝没有轻看卑微。"

案例中，儿子在父亲的鼓励下，抛弃了因卑微而产生的情绪压力。确实，上帝是公平的，他把机会放到了每个人面前，任何人都有同样多的机会。

失败是人生不可避免的事情，每个人都可能会失败，所以千万不要责怪自己。总是觉得自己不如别人，甚至觉得自己很蠢笨，这些想法都是错误的。世界上没有笨蛋，只有沉睡的天才，或许你不擅长与人交流，但你有良好的写作能力，也许你现在不优秀，但是并不代表你将来也不优秀。

自卑是人的自我意识的一种表现。自卑的人往往会不切实际地低估自己的能力，他们只看到自己的缺陷，而看不到自己的长处。

长期生活在自卑之中的人，情绪低沉，郁郁寡欢，常因失败而害怕别人看不起自己而不愿与人来往，只想与人疏远，缺少朋友，顾影自怜，甚至内疚、自责；自卑的人，缺乏自信，优柔寡断，毫无竞争意识，抓不住稍纵即逝的各种机会，享受不到成功的乐趣；自卑的人，常感疲惫，心灰意懒，注意力不集中，工作效率低，缺少生活情趣。

如果一个人总是沉迷在自卑的情绪中，那无异于给自己套上了无形的枷锁。自卑，就像在心底扎下木桩，让自己的心灵沉重不堪，也阻碍了心灵与世界的沟通。但是如果你认清了自己并相信自己，拔掉心底的木桩，换个角度看待周围的世界和自己的困境，那么许多问题就会迎刃而解。

具有自卑心理的人，会因为失败而放大自身的缺点和不足，认为自己没有一个闪光点。事实上，这样的想法是极其荒谬的。这个世界上没有毫无优点的人：成绩不够好的人，也许歌唱得很好；不够聪明的人，也许心地善良；你也许数学不好，可是能写出很好的文章；你相貌不出众，可你人缘很好……要知道，人人都经历过失败，每个人的内心深处都残留着过去失败所留下的伤疤。懂得了这一点，我们就不应该再把自己破裂的伤口看得那么严重；相反，我们应该正确认识自己，以客观的态度来看待自己的失败。

适当收起你的敏感

敏感，在心理学上又称感知敏锐。适度敏感是正常的，尤其是正处于自我意识蓬勃阶段的人，对外界的刺激更加敏感，这是非常普遍的性格特征。但是，有些人却会因过度敏感而产生自卑情绪。

过度敏感的人的感情比较脆弱，别人不经意的一个动作或者一句话，往往就会引起他们的恐慌与不安。过度敏感的人都有一种自贬自责的倾向，一个小小的挫折都会引起内心的躁动，随即开始怀疑自己的能力，进而变得自卑。于是，他们认为所有外界的批评都是有道理的、应该的，一切都是自己的错，换一句话就是：自己没有一点优点，太过平庸，很愚蠢，等等。

这天，乔治敲开了布鲁克教授的门。原来，乔治在为自己的敏感而苦恼。

乔治告诉教授，念初中时，他就是一个性格内向、沉默寡言的人，不喜欢与别人沟通。这种变化持续到后来，乔治发现自己越来越敏感，很在乎别人的评价，对别人的每一句话他都会进行揣摩。前段时间，乔治所在的班级进行了班委选举，乔治落选了，这让他痛苦万分。接下来的几天他心情都很抑郁，只要一看到同学聚在一起，就觉得他们是在议论自己。有同学微笑着对他说："加油哦，大明星，下回你一定能选上！"这寻常的鼓励，在乔治听来，竟有讽刺挖苦的味道。

引起乔治敏感的原因是什么？心理学家指出，引发人们这种过度敏感的原因在于：一些人生性脆弱，疑虑心重，经受不住打击，往往细小的刺激就会引起紧张的情绪；在早期体验上，这些人受到父母的过度呵护，没有学会积极的心理保护意识和方法；同时，在个性上，他们还没有养成宽容的气度，喜欢斤斤计较、钻牛角尖等。

人是有感情的动物，有时会因别人的言语受到伤害。但是，是否被伤害最终取决于自己，如果自己总是控制不住冲动，总是感觉受到伤害，那很可能就是过度敏感。

心理过于敏感，会导致人们变得自卑，并且承受能力差，微小的刺激（一句平常的话，一个平常的小动作，一个平常的眼神）就能引起内心严重的不安，会过得十分痛苦，终日生活在"防御"状态之下。要及时克服极度的敏感，你不妨从以下几个方面着手：

1. 要勇敢迎接别人的眼光

在生活中，很多人很在意别人的评价，这种人长期跟着别人转，久而久之就会养成过分敏感的性格。因此，要避免这种"过敏心理"。如果别人以异样的眼光盯着你时，你不必局促不安，也不必神情窘迫，唯一的办法是——用你的眼波接住对方的眼波，久而久之，你就会发现自己就是自己，可以自如地生活在千万双眼睛织成的人生网格里。

2. 要正确地认识自己，不断地充实自己

要知道，我们每个人都是不可替代的，但也没有一个人能事事出人头地。因此，我们要有从大处着想的胸怀，敢于公开自己的优缺点，而不要尽力去遮掩，要有"走自己的路，让别人说去吧"的勇气。有优点敢于适时发扬，有缺点敢于改正，不断往好的方向发展，不断充实自己。

3. 多参加集体娱乐活动或读读自己感兴趣的书籍

当有"敏感"干扰时，可以用松弛身心的办法来对付。要学会自我暗示，转移注意力，如转移话题、有意避开现场等。坚持进行体育锻炼，也有助于防止"心理过敏"。

生活中，敏感的人经常为小事苦恼，遇到小事容易反复去想。对于一些小事，别过分敏感，当你调低自己的敏感值之后，自卑的情绪也就远离你了。

人的一生中所有事情只有亲自经历才能下结论，既然如此，任何事情都"非做做看不可，否则不能说不能"。除了"做"之外，别无其他方法，如果做都没做，就提出能或不能的结论，这就是一个人精神虚弱的表现。

很多人都拿自己的经验来做论证："这件事我做不了。"但经验并不是真理，有时还具有欺骗性。人必须遭遇未知的体验，才能发掘其潜能，所以生存的真正喜悦在于经常能够发现自己未曾自知的新力量，并惊讶地说出"原来我竟具有这种力量"。

美国作家杰克·伦敦的著作《热爱生命》中有一段关于人与狼搏斗的精彩片段："那只狼始终跟在他后面，不断地咳嗽和哮喘。他的膝盖已经和他的脚一样鲜血淋漓，尽管他撕下了身上的衬衫来垫膝盖，他背后的苔藓和岩石上仍然留下了一路血渍。有一次，他回头看见病狼正饿得发慌地舔着他的血渍，他不由得清清楚楚地看到了自己可能遭到的结局，除非他干掉这只狼。于是，一幕从来没有演出过的残酷的求生悲剧开始了：病人一路爬着，病狼一路跛行着，两个生命就这样在荒原里拖着垂死的躯壳，相互猎取着对方的生命……靠着顽强的求生欲望，他最终用牙齿咬死了狼，喝了狼血，活了下来。"

人们在通常情况下只发挥出了个人能力的1/10，而在受到了重大的挫折和刺激之后，才能将大部分或者全部隐藏的能力爆发出来。所以，在我们的生活中，我们常常看到一些过去碌碌无为的人，在经历了一些生活的苦痛和精神上的折磨之后，会突然爆发出很大的潜能，做出很多让人意想不到的事情来，可见，人并不是"不可能"，而是没有发现自己的能力而已。

自信所产生的力量是强大的。如果你充满了自信，就不会总说"我不能"，你身上的所有力量就会紧密团结起来，帮助你实现理想，因为精力总是跟随你确定的理想走。一定要对自己有一种强大的自信，一定要相信"天生我材必有用"。如果你坚持不懈地努力达到最高要求，那么，由此而产生的动力就会帮助你摘去"我不能"的精神虚弱者的面具。

关于信心的威力，并没有什么神秘可言。信心在一个人成就事业的过程中是这样起作用的：相信"我确实能做到"时，便产生了能力、技巧与精力这些必备条件，即每当你相信"我能做到"时，自然就会想出"如何去做"的方法。

一位撑竿跳选手一直苦于无法超越一个高度。他失望地对教练说："我实在是跳不过去。"教练问:"你心里在想什么?"他说:"我一冲到起跳线时,看到那个高度,就觉得我跳不过去。"教练告诉他:"你一定可以跳过去。把你的心从横杆上撑过去,你的身子就一定会跟着过去。"他撑起竿又跳了一次,果然一跃而过。

我们每个人都是一个撑竿跳选手,而我们一次次跳过的是"我不能"的心理障碍。相信自己有能力做好身边的每一件事,只有树立这样的信心,才可以走出消极心理的圈子,走上成功之路。

当自己不再相信自己,将自己的勇气和信心都锁进心门里的时候,我们就永远不能实现自己的梦想了。所以,想要人生按照自己设定的方向行走,想要生命中所有的潜能都爆发出来,就要敢于突破心中的枷锁、突破自我。

在这个世界上没有什么不可能,只要我们敢想、敢闯,只要我们有智慧、有毅力,有让人敬重的品质,那些令人望而生畏的"不可能"就会被我们彻底征服。

在这个世界上,没有什么是不可能做到的。世界上有很多事,只要你去做,你就能成功。首先,你要在思想上突破"不可能"这个禁锢,然后从行动上开始向"不可能"挑战,这样你才能够将"不可能"变成"可能"。

成功学导师爱默生说:"相信自己能,便会攻无不克……不能每天超越一个恐惧,便从未学会生命的第一课。"

很多人的"我不能"并非客观上的原因,而是因为自卑,才使得自己变得无精打采、毫无斗志。这些人往往夸大了自己身上的缺点。

如果你认为自己满身是缺点,如果你认为自己是一个笨拙的人,是一个不幸的人,如果你承认自己绝不能取得其他人所能取得的成就,那么,你只会因为自卑而失败。通常,一个人做事情最大的敌人就是自卑。

成功的字典里没有"我不能",经常告诉自己"我能",就会在心里形成一种积极的暗示,很多看似超越自身能力的事情也可以迎刃而解。

现代人的"焦虑之源"

在现代社会,生活节奏越来越快,各种压力纷至沓来:来自考试升学的压力,来自就业的压力,来自职场中的压力,来自恋人的压力,来自父母的压力,来自子女的压力,来自房子、车子与更高学历的压力,来自疾病的压力……面对众多的压力,很多人难以控制自己的情绪,结果不仅在众人面前情绪崩溃,言行不受控制,还给周围的人带来恶劣的影响。

快节奏的生活给现代人带来了诸多坏情绪,你肯定也有过这样的体会:莫名其妙地发脾气、内心烦躁,看什么都不舒服;出门在外的时候,看旁边两个人有说有笑就生气;别人不小心踩了你的脚,你就像找到发泄的机会一样,跟人大吵一架。其实,这些负面情绪都是压力带给你的,当压力越来越大,你的情绪就越来越差。然而,这还不是最可怕的,最可怕的是,一旦压力超过了你的心理承受极限,大脑神经功能就会紊乱,出现烦躁、失眠、头痛、焦虑、心慌、胃部不适等精神症状和躯体症状,进而引发身体疾病。

陈先生是一家企业的营销主管,每年的销售任务都很重,同行业竞争又特别激烈。他说自己都快成"空中飞人"了,一个城市接一个城市地出差,没有节假日,有时候午饭都没时间坐下来吃,常常是边走边吃边思考。最近他经常感到胸闷,刚开始没有太在意,后来,情况越来越严重,出现气短、心跳加快、出虚汗等现象,到医院检查才知道患了冠心病。

生活中,像陈先生这样的人还有很多。由于工作节奏不断加快,人们身不由己地过着超速的日子,许多人在不知不觉中损害了自己的身心健康。人们不得不时时刻刻想着自己的工作，累了、倦了、病了也要坚持，因为他们害怕一旦慢下来、停下来就会被别人超越，那么以前的努力就付诸东流了。在这种思想的控制下，人的精神处于越来越紧张的状态。受压抑的感情冲突未能得到宣泄时，就会在肉体上出现疲劳症状，甚至引起心理的扭曲变态，导致心理疲劳。在这种情况下，一旦出现心理疲乏，势必造成精神上的崩溃。

快节奏的生活，只会搞得自己身心疲惫，在忙乱劳碌中，日子一晃而过，没有机会和心情享受生活的乐趣，无法体味生活的和谐、宁静与幸福。

放慢生活的脚步，不要再做速度和效率的崇拜者和践行者。让自己不要那么忙，慢一点，去做那些自己想做却一直没有时间做的事情，让自己在繁忙的都市里找到一片宁静的地方放松身心，休息过后，在快速与缓慢之间找到一种平衡，找回自己本身的节奏，让自己过上真正的生活。

别透支明天的烦恼

"过去与未来并不是'存在'的东西,而是'存在过'和'可能存在'的东西。唯一'存在'的是现在。"古希腊学者库里希坡斯曾如是说。过去的已经过去,要学会接受。明天还未到来,与其让明天的烦恼折磨我们,不如用心地活出当下每一天的精彩。

当生命走向尽头的时候,你对这一生觉得了无遗憾吗?你认为想做的事你都做了吗?你有没有发自内心地笑过、真正快乐过?

想想看,你这一生是怎么度过的:年轻的时候,你拼了命想挤进一流的大学;随后,你希望赶快毕业找一份好工作;接着,你迫不及待地结婚、生小孩;然后,你又整天盼望小孩快点儿长大,好减轻你的负担;后来,小孩长大了,你又恨不得赶快退休;最后,你真的退休了,不过,你也老得几乎连路都走不动了……这一辈子都在为明天的事情而焦虑着,身心得不到放松和自由,但是,在这种情绪的反复折磨下,未来的生活真的有所改善吗?

答案是没有,因为我们没有把时间放在解决问题上,而是不停地追赶生活,我们就像一列远行的火车,开车的是我们的焦虑情绪,而不是我们真实的心。

《禅语禅境》中有这么一个故事:有个小和尚,每天早上负责清扫寺院里的落叶。

清晨起床扫落叶实在是一件苦差事,尤其在秋冬之际,每一次起风时,树叶总随风飞舞。每天早上都需要花费许多时间才能清扫完树叶,这让小和尚头痛不已，他一直想要找个好办法让自己轻松些。

后来有个和尚跟他说："你在明天打扫之前先用力摇树，把落叶统统摇下来，后天就可以不用扫落叶了。"小和尚觉得这是个好办法，于是隔天他起了个大早，使劲猛摇树，这样他就可以把今天跟明天的落叶一次扫干净了。一整天小和尚都非常开心。

第二天，小和尚到院子里一看，不禁呆住了，院子里如往日一样满地落叶。老和尚走了过来，对小和尚说："傻孩子，无论你今天怎么用力摇树，明天落叶还是会飘下来。"小和尚终于明白了，世上有很多事是无法提前解决的，唯有认真地活在当下，才是最真实的人生态度。

生活中，人们也有类似小和尚的想法，企图将人生的烦恼提前解决，以便将来过得更好、更自在。实际上，人生中很多事情只能循序渐进。过早地为将来担忧，反而会让自己眼下活得束手束脚。因而，智者常劝世人"活在当下"。

所谓"当下"，指的就是现在正在做的事、待的地方、周围一起工作和生活的人。"活在当下"，就是要你把关注的焦点集中在这些人、事、物上面，全心全意去接纳、投入和体验这一切。

实际上，大多数人都无法专注于"现在"，他们总是若有所思、心不在焉，想着明天、明年，甚至想着下半辈子的事。假若你时时刻刻都将精力耗费在未知的未来，对眼前的一切视若无睹，你永远也不会得到快乐。刻意去找快乐，往往找不到，让自己活在"现在"，全神贯注于周围的事物，快乐便会不请自来。或许人生的意义，不过是嗅嗅身旁每一朵绚丽的花，享受一路走来的点点滴滴的快乐而已。毕竟，昨日已成历史，明日尚不可知，只有"现在"才是上天赐予我们最好的礼物。

许多人喜欢预支明天的烦恼，想要早一步解决掉它们。其实，明天的烦恼，今天是无法解决的，焦虑也无济于事，每一天都有每一天的人生功课要交，先努力做好今天的功课再说。"怀着忧愁上床就等于背着包袱睡觉。"哈里伯顿曾这样说。不为无法确知的烦恼忧愁，卸掉烦恼的包袱，用平常心对待每一天，用感恩的心对待当下的生活，才能理解生活和快乐的真正含义。

学会让自己放轻松

两百年前,欧洲有一首民谣:"我们背井离乡,为的是那小小的财富。"而现在,西方流行的观念是"过普通人的生活"。的确,拼命地工作挣钱,却没有时间和精力来享受安闲、舒适的生活,真是一件悲哀的事情。

在竞争越来越激烈、生活节奏越来越快、压力越来越大的现代社会中,要想生活得轻松自在一些,应该放松生命的弦,减轻自己的压力,清除自身的焦虑情绪,让金钱、地位、成就等追求让位于"普通人的生活"。

弗兰克是位生意人,赚了几百万美元,也存了不少钱。他在事业上虽然十分成功,却一直未学会如何放松自己。他是位神经紧张、焦虑的生意人,并且把他工作上的紧张气氛从办公室带回了家里。

弗兰克下班回到家里,在餐桌前坐下来,但心情十分烦躁不安,他心不在焉地敲敲桌面,还差点被椅子绊倒。

这时候弗兰克的妻子走了进来,在餐桌前坐下。他打声招呼,便用手敲桌面,直到一名仆人把晚餐端上来为止。他很快把东西吞下,他的两只手就像两把铲子,不断把眼前的晚餐一一铲进嘴中。

吃完晚餐后,弗兰克立刻起身走进起居室。起居室装饰得十分漂亮,有漂亮的沙发、华丽的真皮椅子,地板上铺着高级地毯,墙上挂着名画。他把自己投进一把椅子中,几乎在同一时刻拿起一份报纸。他匆忙地翻了几页,急急瞄了一眼大字标题,然后,把报纸丢到地上,拿起一根雪茄,引燃后吸了两口,便把它放到烟灰缸里。

弗兰克不知道自己该做什么。他突然跳了起来，走到电视机前，打开电视机。等到影像出现时，又很不耐烦地把它关掉。他大步走到客厅的衣架前，抓起他的帽子和外衣，去屋外散步去了。

弗兰克这这种状态已经持续了很久，他没有经济上的困扰，他的家是室内装潢师的梦想，他拥有两部汽车，事事都有仆人服侍他——但他就是无法放松心情。不仅如此，他甚至忘掉了自己是谁。他为了争取成功与地位，已经付出他的全部时间，然而可悲的是，在赚钱的过程中，他却迷失了自己。

从故事中可以看出，弗兰克先生所有的症结就在于他的焦虑情绪，他繁乱的生活是因为他没有掌握放松自己的秘诀。

费尔德说过："成功与失败的分水岭可以用这么五个字来表达——我没有时间。"当你面对着沉重的工作任务，感到精神与心情特别紧张和压抑的时候，不妨抽一点时间出去散心、休息，直至心情轻松后，再回到工作上来，这时你会发现自己的工作效率特别高。

只要你能在这个繁忙的世界中做到神经松弛，过得轻松愉快，你就是一个幸运者——你将会幸福无比。学会放松，就会让你拥有一个无悔的人生。

焦虑，是人在面临不利环境和条件时所产生的一种情绪抑制。它是一种沉重的精神压力，使人精神沮丧，身心疲惫。有的时候是我们把问题想得过于糟糕，本来一件很简单的事，我们却要思虑很久，设想各种结果，随着自己各种各样的怀疑、猜忌、担心，焦虑的情绪就难以避免了。其实人生真的没有那么多的事用来焦虑，只是我们放大了去看而已。

焦虑是一种过度忧愁和伤感的情绪体验。每个人都会有焦虑的时候，但如果是毫无原因的焦虑，或虽有原因，却不能自控，每天心事重重、愁眉苦脸，就属于心理性焦虑了。

焦虑会使人的容颜快速衰老，甚至对其健康产生很大威胁。所以说，过度焦虑不可取。凡事退一步想，不要耿耿于怀，焦虑就会减少。

总之，焦虑是有百害而无一利的，我们需要做的就是大声地说出自己的焦虑，让焦虑的阴霾远离我们。

把心事说出来，这是波士顿医院所安排的课程中最主要的治疗方法。下面是摆脱焦虑的方法。

1. 准备一本"供给灵感"的剪贴簿

你可以在剪贴簿上贴上自己喜欢的能够给人带来鼓舞的诗篇，或是名人名言。如果你感到精神颓丧，也许在这个本子里就可以找到治疗方法。波士顿医院的很多病人都把这种剪贴簿保存好多年，他们说这等于是替他们在精神上"打了一针"。

2. 要对你的邻居感兴趣

你对邻居感兴趣，你会很快与他们成为朋友，随之而来的就是邻居的热情与关爱，最后，焦虑会自觉地远离你。

3. 上床之前，先安排好明天的工作

很多家庭主妇都为忙不完的家事感到疲劳，她们好像永远做不完自己的工作，总是被时间赶来赶去。为了治好这种焦虑，波士顿医院的医生们建议各个家庭主妇，在头一天就把第二天的工作安排好，结果她们能完成很多工作，却不会感到疲劳。同时还因为自己取得的成绩而感到非常骄傲，甚至还有时间休息和打扮。

4. 避免紧张和疲劳的唯一途径就是放松

再没有比紧张和疲劳更容易使你苍老的事了。如果你要消除焦虑，就必须放松。

当一些问题的确超出了我们的能力所能解决的范围时，就需要乐观一些，就像杨柳承受风雨一样，我们也要承受不可避免的事实。哲学家威廉·詹姆士说："要乐于承认事情就是这样的情况。能够接受发生的事实，是能克服随之而来的任何不幸的第一步。"

每个人都希望自己的生活一帆风顺，轻轻松松，简简单单，然而生活并非事事如意。例如，追求的失落，奋斗的挫折，情感的伤害，等等，都让我们的心灵背上了沉重的负担。若想摆脱焦虑，获得平和的心态，最重要的方法就是为自己的心灵留出适当的空白。

事实上，刻意地使心灵空白的确能有效地为人们带来心安的感受。在这个过程中你可以将头脑中焦虑、不安、沉重、憎恶等不良情绪"清空"，取而代之的是愉悦、安定、轻松、满足的心境。

总之，我们不要把焦虑隐藏在心中，要大声地说出来。许多人感到焦虑与不安时，总是深藏在心里，这是很愚蠢的。内心有焦虑烦恼，应该尽量坦白讲出来，这不但可以给自己从心理上找一条出路，而且有助于恢复理智，把不必要的焦虑除去，同时找出消除焦虑、抵抗恐惧的方法。

生活中不如意之事很多，只要你善于把握自我，控制好自己的情绪，说出焦虑，远离焦虑，自然就可以迎接阳光灿烂的每一天。

换一个环境激发情绪

环境状况、思维、行为、生理反应、情绪是一个互相联系的整体，任何一方面的改变都会影响其他方面。当外部环境发生变化，人处于情绪化状态时，大脑中会形成一个较强的兴奋点。此时如果回避相应的外部刺激，可以使这个兴奋点消失或是让给其他刺激，从而引起新的兴奋点。

所以，要让自己从不良情绪中转移出来，兴奋中心一旦转移，也就摆脱了心理困扰。

由于人的情绪总是具有情境性的，特定的情境与特定情绪反应之间有对应关系，当特定的情境出现时，就会引发特定的情绪反应。利用这一点，通过避开特定环境和相关人物，可以有意识地减少容易引发不良情绪的因素；同时，增加能够激起健康、积极情绪的因素，就能够很快缓解不良情绪刺激，从而理智地处理出现的问题。

我们之所以换环境，是离开产生不良情绪的环境，如果你换了另外一个相似的环境，根本达不到预期的效果。当发生亲人去世或者失恋等事件时，悲伤、苦恼、懊悔都无济于事，只会令自己更加消沉。正确的做法是离开事发地点，切断不良刺激的来源，平复受到创伤的情感。例如，可以在亲友的陪同下离开地震发生的地点，避开与过世亲人联系紧密的环境、物品等。失恋的人应该注意避开曾经与恋人相识相聚的场合，以免引发消极情绪。

离开原来的环境只是消极地避开不良情绪刺激，并不能从根本上解决问题。人的思维总是不受控制，如果刻意去忘记一件事反而会在脑海中不断地回想这件事,寂寞的时候尤其是这样。要让情绪尽快好转,必须尽可能地去寻求一种全新的、具有感染力的、能够唤起完全不同的情感的环境。通过融入新的环境中获得新的乐趣时,烦恼、失落等不良情绪自然会不见踪影。

那么,如何选择替代环境?一般说来,想让烦躁的心情平静下来,可以选择幽静的咖啡厅、书吧或者小树林;想让低落的心情高涨起来,可以去参加聚会,或是去看场喜剧,听一场激昂的音乐会,看一场激烈的球类比赛等;想让压抑的情绪释放出来,可以去欣赏自然风光,去野外爬山,去步行街购物,或者是去健身房锻炼,通过环境的转变来改善不良情绪。

在选择替代环境的时候还需要注意选择环境的颜色。先来看以下几种颜色及其特性的简单对应关系。

颜色	象征	积极作用	消极作用
红色	热情、振奋	促进血液循环、使人精神振奋	久看易导致情绪急躁,易激动
绿色	生机、活力	艳丽、舒适,具有镇静神经的作用,自然界的绿色对疲劳、恶心以及消极情绪有一定的舒缓作用	久看易使人感到冷清,影响消化吸收,食欲减退
粉色	温柔、甜美	使人的肾上腺激素分泌减少,镇静与缓解情绪。可缓解孤独症、精神压抑症状	无
黄色	健康	对健康者有稳定情绪、增进食欲的作用	情绪压抑、悲观失望者会加重不良情绪
黑色	庄重与肃静	对激动、烦躁、失眠、惊恐等起安定的作用	情绪压抑、悲观失望者会加重这种不良情绪
白色	纯洁与神圣	对易动怒的人可起调节作用	患孤独症、精神忧郁症的患者会加重病情
蓝色	宁静与想象	具有调节神经、镇静安神的作用	患有神经衰弱、忧郁症的人会加重病情

不同的颜色会引发不同的心情。如果忽略了对色彩空间的选择,将难以收到理想的效果。同样是咖啡厅,冷色调的装修风格容易使人沉静,而暖色调的装修风格则可能使人亢奋。色彩与人们的生活密不可分,它一边美化生活,一边也对人们的情绪产生直接或间接的影响。合理地选择适当的色彩空间,将能更轻易地摆脱情绪困扰,收到"移情易性"的效果,这就是色彩的巨大功效。

给情绪注满鲜活的泉水

很多人都曾有过这样的感觉：曾经得之不易、充满挑战的工作变得寡然无味，毫无乐趣；曾经心心念念、形影不离的爱人再也激不起情感的涟漪，当初的悸动消失得无影无踪；就连曾经最热衷的娱乐活动也不能带来当初的那份快乐。

这就是心理学上的"情绪枯竭"，情绪枯竭产生于心理饱和。"心理饱和"则是指人心理的承受力到了临界值，不能再承受任何的情绪困扰，就是人们常说的厌烦。

心理饱和现象随处可见，且多产生负面效应。在工作中表现为工作压力大，缺乏热情、动力和创新能力，容易产生挫折感、紧张感，甚至对工作有抵触情绪。这是由于长期处于高压的工作环境中，巨大的工作量和高度的重复性，使人对工作产生了机械性反应，很多职场白领都是这种状态，这很容易导致情绪枯竭。目前，世界各国都把情绪枯竭作为工作倦怠的第一大表现和诱因。如前面提到的工作热情因每天的重复而逐渐减少。

爱情也会饱和，婚后夫妻二人天天厮守，从新鲜到平淡，神秘感一点点地消失，生活慢慢变得平淡乏味，于是彼此开始厌倦，言语不合而互相伤害，甚至由于内心空虚而发展了婚外情。那些目标高远的完美主义者、工作狂最容易出现这种问题，他们目标感强，精力旺盛，取得的成就大，自信心很强，但过分投入就容易心理饱和。明星看上去风光无限，时刻吸引众人目光，但无休止的演出、应酬、宣传也耗尽了那份对艺术的热爱，于是开始厌倦，不再小心翼翼地顾及形象，导致负面报道铺天盖地，等等，这些都是心理过于饱和的表现。

心理饱和是一种危害很大的心理困境，会吞噬人们的精力与热情，让人失去继续奋斗的动力，生活的目标也被其抹杀，对人们的身心健康产生威胁。

那么，如何摆脱这种困境呢？

情绪枯竭者可以采用多种情绪转移法。例如，当开始厌倦每天重复性的工作时，可以依据性格和爱好，来充实自己的业余生活，比如说看电影、散步、游泳、旅游、读书等，转移注意力，缓解厌烦情绪，从而避免产生单调、消极的情绪。除此以外，还可以主动寻找工作中新的挑战和乐趣，这需要完全进入工作状态之后才会体验到，相比一些业余的兴趣更能培养职业情感，预防心理饱和。

如同在一间漆黑的屋子里，什么都看不到，让人恐惧，也让人无奈。这时候如果有阳光照射进来，一切都会明朗。情绪转移就是那束射进漆黑房间的阳光，它将积极的、健康的正面情绪带进来，减弱和消除原有的负面情绪，从而恢复与平衡人们内心的情绪能量。

化解情绪枯竭需要很多办法协同配合，才能发挥出最好的效果。要寻找多种不良情绪的宣泄途径，积极培养生活乐趣，不断引进新鲜、积极的外界刺激，彻底远离情绪枯竭的烦恼。

疲惫时，和工作暂时告别

如果用一个字来形容现在的生活，你会选择哪个？大部分人会选择"忙"或"累"。社会发展的脚步越来越快，竞争也越来越激烈，这让很多人情绪负荷超标。当我们遇到这种情况时应该怎么办呢？小孩子会很干脆地回答"休息啊"，这时家长就会在一旁苦笑：休息，谁来赚钱？没有钱吃什么、喝什么？但是仔细想想，孩子的话并没有错，累了当然要休息。

在浩渺的大西洋中有一座小岛，小岛不大，但是差不多位于大洋中心。这个小岛是很多候鸟迁移时的中转站，是候鸟群疲倦时休息的落脚点。在这里，它们稍稍休息，摆脱旅途中的疲惫，积蓄力量重新踏上征途。

鸟儿们寻找的是一个可以释放自己疲惫的"安全岛"，当你情绪负荷过重的时候，你找过自己的"安全岛"吗？环视一下，大家下班愈来愈迟，回家愈来愈晚，不停地加班加点，不但身体上受不了，情绪也很低落。夜深了终于可以好好休息一下，但是天亮以后又要开始循环，周而复始。

大家都知道，现在电脑是我们最亲密的伙伴，有的人跟电脑在一起的时间比跟恋人在一起的时间还长。可曾想过电脑也很累，早上开机开始工作，午饭时还要担任联络员，下午继续工作，晚上遇到加班还要奋战，就这样白天黑夜超负荷运转，没有休息的时间。但是它一旦死机，恐怕就得更新换代了。机器尚且这样，更何况人的血肉之躯呢？

俗话说："不会休息的人就不会工作。"每天不知疲倦地工作，效率并不一定高，长此以往，疲惫的心灵和身体反而可能拖累了你，身体素质下

降,生活质量也会随之下降。累了就休息,要学会享受生活,具体可以从以下几方面入手:

1. 不要事事追求完美

维纳斯雕像有一双断臂,这样的瑕疵也是一种美,而且正是这种残缺的美深深地打动了人们。生活中因为刻意追求完美而让自己处于紧张的状态是完全没有必要的。试想每天把自己绷得像一根橡皮筋,时间长了,它也就不再有弹性。

要接受人生的不完满。完美是一种理想状态,是闪闪发光的金字塔的顶端,是每个人追求的目标,有了它,生活才充满希望。事事都完美了,生活就没有意义了,因此大家应该允许不完美的存在,那说明生活还有发展的空间、进步的潜力。

2. 要懂得舍得

舍得,舍得,有舍才会有得,不去舍弃一些东西,怎么会得到更多?有些人得失心太重,想要的东西太多,以至于完全没有意识到自己的身体亮了红灯,情绪已呈病态。

眼光要长远一些,不必太计较得失,如果累了、倦了,这一单生意不做了,给自己放个假,出去玩玩,回来后以更加饱满的精神和昂扬的斗志投入工作中去,收获未必会小。

3. 学会忙里偷闲

当工作成为一种习惯,我们想要抽身离开,休息一会儿也并非易事。这个时候就要强迫自己出去散散心,看看错过的春华秋实;听听音乐,洗涤一下心灵;又或者享受一顿美食。暂时把自己从繁忙的事务中解脱出来,感受一下另一种气息,也许你会发现,那个萦绕在你心头的问题已经有了解决的方法。

学会从繁忙的工作中抽身,也就大大减小了情绪疾病产生的可能性。有的时候,休息和工作并不矛盾,懂得休息,才能以更加饱满的精神面对工作,你的工作效率才会高。

从小我们就懂得"滴水穿石""绳锯木断"的道理,它们无一不在说明坚持不懈的意义，"半途而废"的行为让人唾弃，为人不齿。然而生活中有些事情就需要我们"半途而废"，因为过度偏执，太钻牛角尖，就会产生情绪问题。不钻牛角尖就是不让我们固守一成不变的东西，及时从不好的状态与情绪中走出来，这也是人生应该掌握的改变固执的智慧。

从前，村庄里有一位对上帝非常虔诚的牧师，40年来，他照管着教区所有的人，施行洗礼，举办葬礼、婚礼，抚慰病人和孤寡老人。有一天下起雨来，倾盆大雨连续不停地下了20天，水位高涨，迫使老牧师爬上了教堂的屋顶。正当他在那里浑身颤抖时，有个人划船过来，对他说道："神父，快上来，我把你带到高地。"

牧师看了看他，回答道："我一直按照上帝的旨意做事，我真诚地相信上帝，因为我是上帝的仆人。你可以驾船离开，我将停留在这里，上帝会救我的。"

那人划着船离去了。两天之后，水位涨得更高，老牧师紧紧地抱着教堂的塔顶，水在他的周围打着转。这时，一架直升机来了，飞行员对他喊道："神父，快点，我放下吊架，你把吊带安在身上，我们将把你带到安全地带。"老牧师回答道："不，不。"他又一次讲述了他一生的工作和他对上帝的信仰。这样，直升机也离去了，几个小时之后，老牧师被水冲走，淹死了。

因为是一个好人，他直接升入天堂。他对自己最后的遭遇颇为愤怒，来到天堂时，情绪很不好。他气冲冲地在天堂中走着，突然间碰到了上帝，上帝说道："麦克唐纳神父欢迎你！"老神父凝视着上帝，说："40年来，我遵照你的旨意做事，但当我最需要你的时候，你却让我被大水淹死了。"

上帝微笑着说："哦！神父，请原谅，我确信我派去了一条船和一架直升机去救你，但你拒绝了，是你的偏执害了你。"

的确，偏执者坚持己见，缺乏变通的智慧和情绪调节的能力，因而常常正邪不分，忠奸不辨。

有一个大学生，爱上了他的一个女老师。这个女老师虽说只有30来岁，可结婚已经两年了。所以，这个学生对她的爱，应该说，无论如何是没有希望的。

可是，这个学生却十分执着于自己的这种所谓的爱情，不顾一切地追求这位女老师，又写情书，又送鲜花，还跑到她家里去，弄得她十分恼怒。后来女老师的丈夫知道了，狠狠教训了他一通。可是，他还是不知回头，依然写情书、送鲜花，痴情不断，火热得像个不怕牺牲的斗士，一直闹到神经错乱，被送进精神病院为止。

这个大学生，就是典型的死钻牛角尖的偏执狂。

偏执是一种病症，患上这种病的人，往往容易走极端，不回头，还自以为是，分明是自己做错了，却总觉得是别人不对；当自己不能和别人取得一致意见时，从来不反思自己的过错，而总是去探究别人做错了什么。

所以，生活中一定要学会变通，不要一味地坚持自己认为正确的道路，有时换一个方向，生活会更美好，天地会更开阔。

第八章
自我修炼是人性思维的最高境界

稻盛和夫说过:"人生不是一场物质的盛宴,
而是一次灵魂的修炼,
使它在谢幕之时比开幕之初更为高尚。"
其实,人生就是一场修行。
每个人都要经历属于自己的跌宕起伏,
在逆境中修炼自己,才能收获更好的人生。
改正自己的错误认知,
放下一些理想化的思维,多一些务实的反思。
有条理地安排好自己的生活,提高自己的段位与生活品质。

善于化解心中之结

德国著名的哲学家尼采在《创造者之路》中说:"你们所能遇见的最大敌人乃是你自己,你埋伏在山里的森林中,随时准备偷袭你自己。你这个孤独者所走的,是追求自我的道路!你应该随时准备自焚于自己点燃的烈焰中。倘若你不先化为灰烬,如何能获得新生呢!"

佛祖释迦牟尼在他晚年曾告诉他的门徒:"我第一次感受到解脱的滋味是在我离家之前,那时我还是个孩子,一天坐在一棵菩提树下沉思,后来,我发现自己沉浸在日后认定是专心不乱的第一个层次。这乃是我第一次品尝到解脱的滋味,于是我告诉自己'这就是看到了启悟的路'。所以我决定把生命完全奉献给精神上的探险。"结果,正如我们所知道的,他不单单让一个新的生命哲学产生,更是让人们以一种新的方式来体验世界。

有一个樵夫上山砍柴,无意间在山上遇见一个奇怪的人,那人只有一层薄膜一样的皮肤,五脏六腑都看得清清楚楚,五颜六色,非常丑陋。

樵夫问他:"你是什么?怎么长成这个样子?"

透明人说:"我的名字叫'妙听',我不是人,而是妖怪。"

樵夫说:"你是妖怪?妖怪都该有特别的本事,你有什么本事呢?"

透明人说:"我只有一个特别的本事。你看我的身体是不是透明的?这就是我的本事。所有人在我面前都会变成透明的。我不但可以看见人的五脏六腑,还可以看见人的隐私、心思和一切秘密。简单地说,我会'读心术',所以才叫'妙听'呀!"

"你可以知道人的隐私、心思和一切的秘密，那多可怕呀！"樵夫心里想着，问妖怪，"妙听先生，那么今天我怎么会遇见你呢？"

透明人说："我正要去惑乱人间哩！我打算把妻子的心思告诉丈夫，把丈夫的隐私告诉妻子，让夫妻失和。我打算把朋友之间互相隐藏的秘密告诉对方，让朋友反目。我打算东说说，西说说，把东家最不想让西家知道的事告诉西家；再把西家最怕东家知道的事告诉东家……我不必使用特别的妖术，只要靠这张嘴巴，不久之后，地球就会毁灭了呀！"

樵夫越听越怕，想到人间从此没有隐私和秘密，即使是暗中乱想的心思也会被公之于众，这世界会变得多么恐怖呀！樵夫这样想着，他就有了一个想法："趁这个妖怪还没有到人间作乱之前，在山上把它杀了吧！"

当他想到这里，妖怪妙听突然大笑："哈哈哈！你刚刚在想，趁我还没有到人间作乱，先把我杀了！你怎么可能杀死我呢？不管你想什么，我都会先知道的！"

樵夫暗暗心惊，假装成浑然不知的样子。

妖怪说："你想装成浑然不知的样子，趁我不注意时杀掉我，哈哈哈……"

樵夫恼羞成怒，拿起斧头就向妖怪砍去，左砍右砍，上砍下砍，不管他怎么砍，斧头还没有下来，妖怪已先"读"出了樵夫想砍下的方向，妖怪一边闪躲，一边不断地嘲笑樵夫。

最后疲惫不堪的樵夫颓然坐在地上，无奈地对妙听妖怪说："既然我杀不了你，你也没有本事害我，我就不管你了，我还是砍柴吧！"

休息了一会儿，樵夫继续认真地砍柴，尽管妖怪在一旁干扰，他却视而不见，完全忘记了妖怪的存在。他进入了无心境界。他的手一滑，斧头飞了出去，正好砍中了妖怪的眉心。

只有我们的心能够达到一种平和，我们才能在这个社会中如鱼得水，许多棘手的问题也便迎刃而解，许多人间的美景才能尽收眼底。如果做不到这点，他的人生就不会快乐。

一个人夜里做了一个梦，在梦中他看到一位头戴白帽、脚穿白鞋、腰佩黑剑的壮士，向他大声责骂，并向他的脸上吐口水……于是他从梦中惊醒过来。

第二天早上，他闷闷不乐地对他的朋友说："我自小到大从未受过别人的侮辱。但昨夜梦里却被人骂并吐了口水，我心有不甘，一定要找出这个人来，否则我将一死了之。"

于是，他每天一起床便站在人来人往的十字路口寻找这个梦中的敌人。很多天过去了，他仍然找不到这个人。

这个故事说明了什么？它告诫我们，人常常会假想一些敌人，然后在内心累积许多仇恨，使自己产生许多毒素，结果把自己活活毒死。

你心中是不是也怀着一股怒气呢？要知道这样受伤害最大的是你自己，何不看开点，让自己的心得到修炼，给自己一个快乐的天堂呢？

拯救自己的伟大典范

你是否有过出人头地的想法？你是否有过当老板的念头？你是否有过挣大钱的想法？你是否有过像李嘉诚一样对财富的渴望？你是否有过像名人一样风光的愿望？

可是为什么我们迟迟不能到达成功的顶峰？为什么我们总是走在别人的后面？为什么我们胸怀着远大理想却一直没有成功？

这些问题你是否仔细地思考过，不要说我们缺乏的东西太多，例如机会，例如资本，例如关系……成功与否，不只是局限于这些外在的条件，还在于你自己，没有什么可以取代你自身的力量，只有你是你命运的主人。

有一个业务员，工作已经半年多了，业务还是没有任何起色，于是他总是怀疑自己的能力不够，在工作中显得很没有自信。后来，他从书上看到了这样一句话：每个人身上都蕴含着巨大的潜能，只要肯挖掘，就可以使自己获得十倍于原来的力量。受了这句话的激励，他决定在自己的工作过程中检验这句话。他开始反省自己的工作方式和态度是否已经十分完美，渐渐地，他发现自己之所以错过许多和顾客成交的机会，就是因为他并没有使出全身的力气去努力追寻。于是他制订了严格的行动计划，并坚持付诸实践。比如，按计划走访大客户、增加每天访问的次数、争取更多的订单等。两个月后，他比较了一下自己的业绩，果然现在的业绩已经增加了两倍。一年后，他就验证了"每个人身上都蕴含着巨大的潜能"这句话。数年以后，他已经拥有了自己的公司，成了一名成功人士。

你能吃下一头大象吗？如果有人这样问你，你一定会说："那怎么可能呢。"

然而，一次一口，你就能吃下一头大象了，不是吗？因此，让我们立下"吃下大象"的宏愿，然后，在一张纸上写下你每年需要达到的目标，只要你按部就班地去做，做到"计划、坚持、执行"，那么总有一天，我们便会吃下一头大象。

只要你相信你能，你就一定能。没有人能说我们不能，除非我们放弃了自己。

事实上，成功者需要具备的品质和素质很多，其中最重要的莫过于自信和自立，二者均能体现一个人对自己的坚定信念。信念坚定的人，潜意识会具有巨大的能量，他们能够将这种力量置于自己的控制下，充分发挥出潜意识的作用，还能激发与自己共事之人的能量。自信和自立的人，注定是天生的成功者。

苏联作家马克西姆·高尔基曾有过这样的表述："只有满怀自信的人，才能在任何地方都怀有自信，沉浸在生活当中，并实现自己的理想。"

有一项针对人类世界的研究，揭示了这样一个事实：那些最终获得成功的人，那些实现了自己远大抱负的人，那些在人生中颇有建树的人，那些在内心抱有坚定信念的人，都相信自己能修成正果。这些人绝不会因暂时的失败而退却，失败对他们而言是短暂的，它们最后都会变成成功的阶梯。这些人才是命运真正的主宰，是灵魂之船的船长。这些人从来不会被真正打败，他们就像皮球，受到打击之后，反而弹得更高。他们的信念坚定不移，不可动摇，所以总能成为胜利者。只有当一个人失去了自信时，他才可能被真正击败。

正如法国启蒙思想家、文学家让·雅克·卢梭所说的那样："自信力对于事业简直是一个奇迹。有了它，你的才干就可以取之不尽、用之不竭；一个没有自信的人，无论他有多大的才能，也不会抓住一个机会。"成功的人总是表现出超强的自信心，在他们身上，我们可以看到他们对自我的一种肯定，那是一种无坚不摧的力量，是任何挫折都无法打垮的坚固基石。在这种自信心的驱动下，他们敢于不断向困难挑战，并鼓励自己不断努力，从而获得成功。

研究表明，失败者有两类。第一类人从未有过坚定的信心，从未树立过自信；第二类人遇到机会时容易丧失信心，不能自立。

没有坚定信念，不自信的人，会被人一眼看出他们缺乏成功者的素质。只要和他们交往，你就会强烈地感觉到他们的怯懦。久而久之，社会就对这类人不再抱有信心，他们自然也不可能取得成功。

成功者不同，他们既自信，又自立。只要你能够做到这两点，你就会登上成功的巅峰。我们常常看到，成功人士都曾遭遇过挫折和坎坷，在年轻创业之时，他们可谓历尽艰辛，有些人甚至到了晚年，还要经受严峻的考验。然而，所有这一切都阻止不了他们，无法削弱他们的坚强意志。他们跌倒了，马上爬起来，执着前行。正如亨利先生所言："尽管我头破血流，但我绝不言败。"命运永远无法击败这样的人。命运女神会认识到谁才是"真正的男人"，她会垂青于他，处处为他提供帮助。

人的一生中会遇到各种各样的坎坷，面对坎坷不同的人有不同的看法，有人说坎坷是磨难，有人说坎坷都是路，而我赞成后者。如果说走路是一种本能的动作，那么开路则是一种创新的行为。也就是说，在坎坷面前能不能找到属于自己的一条路，完全在于个人的内心领悟和实际本领。只要你不灰心丧气，只要你不轻言放弃，人生的路一定会越走越宽！

当你找到内在的自我时，你就能够认识到，它是你的信念和目标的来源。信念和期望曾引无数英雄竞折腰，让他们沿着理想的道路执着地追求、充满信心地期待、坚持不懈地努力，最终登上成功的顶峰。正是这个内在的自我，让不计其数的人发挥自身潜能，成为成功者，接受大众的仰慕。它让你的精神不受约束，让你的意志无法被征服，它直指你心灵的空间，让你具有惊人的能量。

许多世纪以来，圣哲都告诉我们，这种内在的自我，这种"自我"的信念，能够让人从逆境中崛起，克服一切困难，最终摘取成功者的桂冠。前人发现了这个真理，并将它传递给后人。这是一种信念、一种精神力量，一旦你能信任并利用这种力量，你就一定能够逢凶化吉，扭转乾坤。

坚定信念，它有助于你发挥才能。它可以让你的思维敏捷；让你的情感能量控制自如；让你的想象力更有创造性，更好地服务于你；让你掌控自己的意志力，发掘你潜意识的能量；它可以开阔你的眼界，丰富你的思想，释放你无限的精神能量；它可以让内心吸引定律顺利发挥作用，为你实现远大理想提供帮助。另外，它还能清除你和自身对话的障碍。

所以，去发现你的内在自我，对它抱着坚定的信念，并充满信心地为自己鼓劲，这个过程，将使你受益无穷。

威尔逊曾经说："要有坚定的自信，然后全力以赴——如果能具有这种良好的心态，无论任何事情，十之八九都能成功。"

那些被很多人认为困难的事情，往往都是由自信心十足的人完成的，没有自信的人在困难面前只能半途而废、一无所成，如果你有了强大的自信，成功离你就近了。

大卫·布朗是美国赚钱最多的电影制片商之一，但他曾三次被解雇。

在好莱坞，他一跃成为20世纪福克斯制片厂的第二号人物，直至他导演的《克里奥佩特拉（埃及最后一个女王）》一片。这部影片票房奇惨，接着公司大裁员。于是，他第一次被解雇了。

在纽约，他在新际美利坚文库担任编纂部副总裁，但因他在工作中与一个不学无术的门外汉上司发生冲突，他第二次失业。

后来他又返回加利福尼亚，被重新任命为20世纪福克斯电影制片厂的高层管理人员。不久，因董事会不喜欢他提议拍摄的几部影片，他再一次被革职。

经过三次失败，布朗开始认真思索他的工作作风，重新审视自己。他认为自己在做事时一向敢言，肯冒险，喜欢凭直觉处事，遇事有独到见解，这些都是决策者所必需的素质，也就是老板的作风，但不是当雇员的行为。他意识到像自己这样的个性，不适合在大机构里服务。于是他选择自立门户，拍摄影片并取得了成功。

事实证明，布朗是个天生的企业家，他在别人手下当行政管理人员之所以失败，是因为他选择的路不正确，令他的潜力和特长无法发挥出来。

布朗的经历告诉我们，要客观、正确和全面地认识自己，才能扬长避短，让自己真正地得到发展。

然而，在现实生活中，却有很多人总是听天由命，认为自己的人生道路是上天安排的，结果使自己得不到发展，终日无所事事，一事无成。他们没有认识到世上没有什么救世主，只有自己才能改变自己，只有自己才能拯救自己。这就是我们所提倡的人生修养。有了这种修养，一个人才能对幸福、对生命、对价值的实现、对生命意义的获得有一种全新的认知。

时间可以改变一切

古代印度有一个国王,他的国家广大而强盛。他得到一个美若天仙的女子作为王妃,两人相亲相爱,感情甚笃。然而好景不长,他的宠妃得了绝症,就连全国最好的医生也束手无策。最终,宠妃还是香消玉殒。

悲痛欲绝的国王为爱妃举行了盛大的葬礼,用能找到的最好的木材,命最好的工匠为爱妃做了棺椁。为了能日日见到爱妃,国王下令把棺椁放在王宫旁的大殿里,一有时间,他就来此陪伴爱妃,回忆过去的美好时光。时日久了,国王觉得大殿周围的景色单调贫乏,不配爱妃的容颜,于是,他在周围修建花园,从全国各地搜寻奇花异草。花园建成后,他觉着还缺些什么,又引恒河水,建成了一个美妙绝伦的人工湖。湖建成后,他又命人修造亭台楼阁,后来,他又请来一流的雕刻师制作精美的雕塑……总之,国王总不满意这个园林,一直不断地扩充和完善。

直到暮年,他还在苦苦思索,怎样让这座绝世园林更加完美。有一天,他的目光落在爱妃的棺椁上,觉着它停在这样的园子中根本不协调,就挥了挥手说:"把它搬出去吧!"

这就是时间。时间能改变一切!

人生的秘密,尽在时间,在于时间的魔术和骗术,也在于时间的真相和实质。时间把种种妙趣赐给人生:回忆,幻想,希望,遗忘……人生本身时刻依赖时间。

哲学家伏尔泰问:"世界上,什么东西是最长的,而又是最短的;是最快的，而又是最慢的；是最易分割的，而又是最广大的；是最不受重视的，而又是最受惋惜的；没有它，什么事情都做不成；它使一切渺小的东西归于消灭，使一切伟大的事物生命不绝？"

智者查帝格回答："世界上最长的东西，莫过于时间，因为它永无穷尽；最短的东西，也莫过于时间，因为人们所有的计划都来不及完成；在等待着的人看来，时间是最慢的；在作乐的人看来，时间是最快的；时间可以扩展到无穷大，也可以分割到无穷小；当时，谁都不重视，过后，谁都表示惋惜。没有时间，什么事都做不成；不值得后世纪念的，时间会把它冲走，而凡属伟大的，时间则把它们凝固起来，永垂不朽。"

美好的过去固然珍贵，但不能用它来束缚今天的行动。每天早晨睁开眼睛，我们真正能掌握的，唯有今天。谁也无法将一只脚遗留在过去，也无法单靠一只脚踏入未来。

时间使我们的思想恢复镇定与弹性，使我们忘却生活带来的打击。时间总会带来新的希望、新的爱情。时间能够安慰人心，时间带来无数的改变。

若你曾经失败，不要气馁；若你取得成功，也不要止步不前。因为时间的洪流将带走一切。当面对崭新的一天时，你只应该抖擞精神加倍努力去工作。

不断激励自己

有很多人具有超群的智慧和非凡的才干，可是他们终其一生过的都是灰暗的日子，从来没有做过哪怕是一件值得让自己骄傲的事情。究其原因，就是他们不懂得积极自我暗示的力量，从来不曾给自己一些积极的暗示。在消极心理作用下，他们感到沮丧和彷徨，以至于对任何事物都失去了好奇和自信。在消极心理的引导下，做任何事情之前他们想到的不是成功，而是失败，"如果一旦失败，有什么脸面见人呢？"因此，他们的激情和信心在做事之前就已经无影无踪了。

如果一个人一开始就相信所谓的宿命，自认为是个扫帚星，相信自己会倒霉一辈子，那就是世界上最悲哀的事情。从唯物主义角度出发，所有宿命论都是骗人的，命运掌握在我们自己手中，我们自己就是命运的主宰。

在现实生活中，我们总是会看到一些怨天尤人的人，他们抱怨自己没有好的出身，抱怨自己所处的环境不能为自己提供发展的机遇；然而有一些人同样出身贫寒，所处的环境同样艰苦，但是他们早已收获了成功的喜悦。

西方有句谚语：自助者天助。反过来说就是，假如一个人认为自己命中注定失败，那么就连上帝也爱莫能助。要让一个满脑子充满消极想法和失败念头的人取得成功，恐怕难于登天。假如一个人的脑子里都是失败的想法，那么这种想法也会充斥他的潜意识，也就是说，他自己的潜意识和外在的精神状态，已经成了他奋斗路上的绊脚石，这会让他所做的事情更加艰难。

为了自我安慰，人们总是喜欢用不幸来解释各种失败，其实那只是人们的推测和凭空想象的东西罢了。

在我们的生活中总会出现这样的奇怪现象,一些人看起来资质平平,没有什么特殊的能耐,却取得了辉煌的成就,于是我们就认为是好运在帮他,而且就是这种神秘的力量让我们在成功的门前止步。但事实上,我们的这种心态和想法是极其错误的。

其实是我们有不易觉察的缺陷,那就是我们不知道如何激励自己奋发前进!扪心自问,我们是否严格要求过自己?我们是否对获取成功有强烈的欲望?我们有远大的理想吗?可以肯定,这些都没有。要想让自己也获取让人羡慕的成功,我们就必须改变自己,当然首先就是要从改变我们的思想开始。我们要让自己对前程怀有美好的憧憬,坚信自己拥有无限发展的可能性;正确看待自己,不自卑,相信天生我材必有用,认定自己可以做一些非凡的成就。

为了让自己成为理想中的那个人,努力加油吧!我们首先要做的就是为自己设立目标,明白自己希望用什么样的性格和品质,一旦这样做,你会发现,你就会拥有一股强大的魔力和一种真正的创造力,这股力量会帮助你实现自己的设想。

我们都希望自己能够保持健康,让各种不幸远离自己,那么我们就要保持健康的心态。让脑袋里转的是健康,嘴里说的是健康,让健康的念头时刻围绕自己,这是我们的权利。

这个法则同样适用于幸福。除了幸福,不要让其他的念头占据你的大脑。从内心深处认定自己是幸福的,让你的做事方式、思考、言谈、衣着看起来都像一个正在享受幸福的人。这就是你的精神图景,是你设想的精神模式。

同样的,我们要想变得勇敢,就要赶走心中的怯懦,只要我们怀着无畏的念头和思想,任何东西都无法使我们变成胆小鬼。

你或许会因为胆怯而耿耿于怀,或者因为害羞而郁郁寡欢,那么就从现在开始改变自己吧,只要你昂起头来,不再惧怕任何人任何事,就可以保持男士的翩翩风度和女士的无限魅力。当你这样做了,你就会克服性格中的弱点,甚至把曾经的弱点转变成自己的优势。

解决害羞问题的最好方法，就是为自己营造一种轻松、友好的环境氛围。你要这样告诉自己：没有人会盯着我，大家忙得团团转，怎么会有人关注我呢？即使所有人都盯着我也没关系，我依然要坚持自己的生活方式，做纯粹的自己！

小缺点也可以毁掉自己

一条河流方向的改变，往往可能是因为河床上细小的鹅卵石；一个重大错误的发生，其导火索往往都是一些小小的失误。我们可以根据水面上的波纹来辨别风向，也可以根据动物行走的脚印来分辨出动物的种类和大小。在历史的演变过程中，希腊虽是弹丸之地，却将民主政治之风带到整个欧洲和美洲。

人们在穿行巍峨险峻的阿尔卑斯山时需要保持绝对的安静，这是因为哪怕是最微弱的声响，都有引发雪崩的可能。

一个小小的错误会酿成千古憾事，一个从小就会偷针的人长大之后会因为偷金而丢掉性命，这些都是活生生的事实，而绝不是危言耸听。冲动是魔鬼，一时的冲动往往会造成不可挽回的错误。打个比方，假如一个人因一时的情绪失控而扣动扳机，那么等待他的只有生命的结束。

细小的火星遇到易燃物就会迅速燃烧，人们据此发明了火药；漂浮在水面上的木头和海藻，启示人们发明了木筏，进而建造了大型轮船，最终有了美洲大陆的发现。人们根据小小的动物化石可以准确分析出灭绝动物的身体结构，也可以推断出亿万年前的地理环境。历史上看似不起眼的时刻，往往会让世人得到意想不到的惊喜。

有一支军队曾就因为一只蟋蟀而获救。那是一支上千人的队伍，他们乘船前往南非，其中一名士兵随身携带了一只蟋蟀。在航行中，因为舵手不是十分熟悉航线，大船即将碰触到礁石，后果不堪设想，这时那只蟋蟀闻到了岩石的味道，于是发出了刺耳的叫声。这尖锐的叫声引起了船员的警惕，就在最危险的那一刻，他们及时地掉转了船头，从而成功地避免了一场灾难。

千里之堤毁于蚁穴，堤坝上即使出现一个小小的老鼠洞，也有可能会使一个国家沉入水底。在荷兰，有一个人们时刻铭记的小男孩。在一个寒冷的夜晚，那个小男孩发现在大坝的底端正有一小股水蹿出来，他想自己必须想办法把这个洞堵住，否则，水流的时间越长，这个洞就会被冲得越来越大，随时有决堤的可能。在找不到东西来堵那个小洞的情况下，他毅然用自己的小手堵住了正在喷射的水流。在整个寒冷漫长的夜里，他就一直这么坚持着，直到第二天他被一个路人发现。他被人们尊称为英雄，因为他拯救了整个国家。

小事往往能转变人的思想，从而拯救一个人。

有一个关于波特·克利夫将军的故事，在他还是一个青年的时候，他满怀信心地到大城市去寻找工作，却接连受挫。他感到万般绝望，于是想到了自杀。当他举起手枪咬着牙对着自己的脑门开了一枪时，手枪并没有响，更没有子弹射出来，但是枪中明明装满了子弹。他想：我是不是命不该绝？那我就朝天上开一枪看看，如果枪响了，那我能活下来就真的是天意。于是，他朝天空扣动了扳机，"砰！"的一声，枪响了。这让克利夫顿时激动起来，他立刻就决定珍惜自己的生命，并坚强地活下来。

一个善于观察和思考的人，面对不易发现的自然现象也会产生灵感。比萨大教堂屋顶的吊灯常常左摇右晃，这是件很不起眼的小事，不会引起人们的特别关注。可伽利略却从那有规律的摇摆中得到了灵感，于是就有了钟摆的诞生。大发明家爱迪生一生的发明不计其数，他那众多的发明都源于小事带来的灵感。

在一般人看来，一个人只要有足够的能力就行了，性格上的放纵、急躁、犹豫不决等都是不值一提的小毛病，无伤大雅。事实上，就是这些小毛病毁掉了他们的整个人生，让他们一生碌碌无为，平庸至死。

即使是最亲密无间的朋友，说话的时候也要注意方式和分寸，也许你说的是一句气话，但往往会深深地刺伤对方，摧毁友谊，拉开彼此间的距离；如果是在外交上，外交官误用一个词语，有可能就会影响正常的邦交，甚至引发一场战争；账单上如果少写一个零，就可以使公司元气大伤，甚至关门大吉；试卷上的一个拼写错误，很可能导致一名优秀的学生无法进入自己心仪的大学，甚至因为这一个小小的错误名落孙山。

有些重大成功的取得，是因为细微的调整。迈克尔·安吉罗为一位富翁制作雕像。富翁抱怨着："迈克尔先生，你的工作似乎毫无进展啊，这个雕像和上次我看到的一模一样。""雕像一直在改变着，先生，你看他的胳膊变光了一点，肌肉更加突出了一些，嘴唇也有了特殊的效果，眼睛更是充满了神采，这些不都是变化吗先生？"迈克尔回答。富翁不屑地说："可这些改变都是那么微不足道，是你在找借口吧？""正是因为这些细微的变动，才让这座雕像更加生动逼真啊！也正是这些细微的变动，才使艺术家的作品成了杰作。而一旦那件物品成了杰作，人们就不会觉得这些变动微不足道了。"迈克尔不卑不亢地回答说。

望远镜的发明，与几个调皮的孩子有关。那几个孩子在玩耍时常常把几副眼镜叠在一起，并告诉大人这样可以看到更远的景物。正是他们的小调皮启迪了大人，有了伟大的发明。小孩子总是喜欢透过碎玻璃片看东西，这给人们带来了灵感，启发了万花筒的发明。

一天与一生相比时间太短，但就是无数的每一天构成了我们的人生。因此，浪费一天的时间，就是在荒废整个人生。

我们生活中的快乐往往是由一些小事构成的：几句温暖人心的话语、一封热情洋溢的信、一句温馨的祝福、一个甜美的微笑等。

拿破仑是欧洲历史上最伟大的军事家，他的成功缘于他对小事的认真，他是个处理小事的能手。大家都知道拿破仑可以记住无数士兵的名字，有些人只认为他记忆力好，其实在拿破仑眼里，每一个士兵和每一件小事都是极其重要的。他要求了解军队的一切状况：粮食的分发、马匹草料的供应、士兵的装束和住宿条件等。当冲锋号角响起时，军官们都可以按照拿破仑的指令准确到达指挥地点。拿破仑还为自己的每次视察规定了精确的时间表，包括到达和离开的时间、下车的地点等，这让他每次都可以准时到达视察地点。拿破仑成功策划了澳大利亚之战，这场战役具有历史性的意义，它奠定了法国在欧洲政治格局中的地位。拿破仑对下属十分严格，一旦有军官迟到或者缺席，就必须交上一份详细的报告解释清楚。报告书一旦交上来，不管自己有多忙，拿破仑都会马上认真阅读。他曾开玩笑说："我对军官的在意和重视经常会引起女朋友的嫉妒。"

无数的事例证明，那些看似不重要的小事往往孕育了重大事件的发生。达尔文提出了伟大的进化论，是因为他在日常观察中得到了大量有用的信息；一锅水和两支温度计，就帮助布莱特博士发现了内热；一面二棱镜、一个镜片和一张纸，就帮助牛顿发现了光谱和光波。

沃拉斯顿博士有众多伟大的发现，一位有名的外国学者对此感到十分好奇，所以想去拜访他的实验室，想看看那个神奇的地方。沃拉斯顿博士爽快地答应了，把他带到一间小屋前，只见屋里摆着一张桌子，上面有几个茶杯、几个玻璃烧杯、一架天平和一个吹气管，还有几张草稿纸。博士微笑着说："请进，这就是我的实验室。"

事实上，聪明人永远重视细节，并善于从中找到解决重大难题的方法。有很多名人都是注重细节的人，这样的例子不胜枚举。有一次，数学王子高斯在拜见国王时，突然在谈话中途离开。回来时，他恳求国王的宽恕，因为那时他必须去隔壁房间记下脑海中一闪而过的灵感。大画家赫加斯一旦在街上发现有趣的事物，便会立刻在自己的指甲上做记录。

在法国，有一个穷孩子去一家银行找工作，但是被拒之门外。在出门的时候，他发现地上有一枚别针，便捡了起来。这恰好被一名银行主管看到，于是他把男孩叫住，并且给了他一份工作。这个男孩后来成了法国鼎鼎大名的银行家，他的名字叫拉弗特。

假如琵琶上有小小的裂痕，它都会走调、变音，最后会完全失去音色，直至完全被毁；经过枪林弹雨考验的士兵，有可能因为不小心被针扎了一下而丧生；能够躲过风浪暗礁的大船，却可能因为蛀虫的咬噬而沉入水底。

自然界有这样一条定律：浪费越少，收获越多。所有的生命都是由微小的细胞组成的。积小流成江河，积跬步至千里，没有什么是微不足道的。

动怒就是惩罚自己

俗话说：气大伤身。怒气会使一个人性格变得急躁，如果怀着怒气做事，不但很容易因为一点小摩擦与人发生冲突，还会影响到我们的身体健康。

一位医师曾说："愤怒不止的话，长期性的高血压和心脏病就会随之而来。"据说美国芝加哥市有一位餐厅老板，一次，他看到他的厨师用茶碟喝咖啡，他非常生气，发疯似的抓起一把手枪去追赶那个厨师，结果他的心脏病发作了，剧烈的疼痛迫使他扭动着身躯转了一圈后，倒地身亡。

当一个人怀着怒气去做事的时候，就如同一个丧失理智的士兵，没等敌人把他打垮，他就被自己发出的怒火"烧伤"。在如今这个竞争激烈的社会，为了使自己能够立足，人们一直都在与对手竞争，可在这期间，一定要牢记一点，无论在任何时候都不要怀有怒气去"战斗"，因为怒气会使人丧失理智，在丧失理智的情况下，是很难取得胜利的。

虽然我国古代有"哀兵必胜"一说，但满怀怒气、丧失理智的哀兵未必就能取胜。三国时期，一心为关羽报仇的刘备，心怀怒火，倾全国之力，兴兵攻打东吴，最终落得兵败早死的下场。

公元219年，关羽死后，刘备痛苦不已，对东吴的仇恨更加强烈。粗鲁的张飞鞭挞部下范强、张达，二人刺死张飞投吴。这让处在悲痛中的刘备痛上加痛，恨上加恨。他不顾群臣苦劝，兴兵伐吴。以怒兴师，恃强冒进，在战略上犯了兵家大忌。开始时连胜东吴。孙权派使者求和，刘备斩之，孙权只好拜陆逊为大都督，聪明的陆逊坚守不战，以待蜀军兵疲意沮。而后火烧连营，大获全胜。刘备败走白帝城，伤感懊悔而病，临终前托孤于诸葛亮。

在历史学家看来，这是一场不会有好结果的战争。刘备一意孤行，不听诸葛亮事前调兵部署，结果蜀军几乎全军覆没，在卫兵的拼死保护之下，刘备才捡了一条命，但从此忧郁攻心一病不起，不久撒手西去。

冲动是魔鬼，愤怒总是会使人们变得冲动、丧失理智。无论受到了多大的委屈，我们都不要让怒火在我们心中燃起，要静下心来，理智地、冷静地看待问题，只有在理智的情况下，才可以对事情做出正确的判断，才能拿出最好的解决办法，从而顺利地将矛盾化解。

一位老人退休后在乡下买了一座宅院，准备在这里安享晚年。这座宅院处于乡下的一座小山下，周围的环境非常优美，安静的生活让老人觉得很舒服。可没过多久，安逸的生活就被三个人打破了。这三个人一连几天都在附近踢所有的垃圾桶，吵得老人无法好好地休息。老人实在受不了踢垃圾桶发出的噪声，于是，他主动去和那三个人攀谈。

"伙计们，你们几个是不是玩得非常高兴呀！"他温和地说，"如果你们能够坚持每天都到这里来踢垃圾桶，我愿意给你们一块钱作为奖赏，你们认为怎么样？"

三个年轻人听了老人的话非常高兴，心想：天下居然会有这样的好事，我们不但可以在这里娱乐，还能拿到钱，真是太好了。

于是，他们每天都会来这里踢垃圾桶。几天后，老人满面愁容地找到这三个人说："通货膨胀使我的收入减少，从现在起，我只能付给你们每天五角钱了。"

三个人听后虽然有些不高兴，可这个结果还是能够接受的，于是他们继续踢着垃圾桶。

又过了几天，老人再次找到了他们，抱歉地说："实在对不起，我最近没有收到养老金，所以我只能每天付给你们两毛五分钱，这样可以吗？"

"什么？每天只有两角五分钱，这实在是太少了，无论怎样我们都无法接受，你去找别人踢这该死的垃圾桶吧！"说完，三人气冲冲地离开了。

生活恢复了以往的安静，老人再也没有听到踢垃圾桶发出的噪声，他又开始安逸地生活了。

遇事不发怒，人们就可以保持冷静的头脑，便会理智地处理遇到的困难。英格索尔说："愤怒将理智的灯吹灭，所以在考虑解决一个重大问题时，要心平气和，头脑冷静。"

任何人都会发怒，特别是在丧失理智的时候，但并不是所有的人都能控制住自己的怒火。那些在发怒后能及时冷静下来的人才是真正的聪明人。没有什么比理解和宽容更能让一个人理智，千万不要因为别人的批评或责怪而燃起自己的怒火，这样最终受到伤害的只能是自己。

一位知名的大学教授，他不但以显赫的学术成就享誉社会，其个人修养与待人技巧同样深得好评。有人曾问过他：为何能把人际关系处理得那么好？难道您从来都不会生别人的气吗？这位教授说："当然会啊！但我有个习惯，那就是：每当我愤怒时，就闭口不言；即使说话，也绝不超过三句！"这个人很好奇，于是询问究竟。他笑着回答说："当一个人生气时，往往会失去理智，容易意气用事，讲出来的大多是'气话'，甚至是'错话''脏话'，就会使局面更糟。所以，为了不让怒气破坏了理智，在恼火的时候，我宁可让自己尽量少说话！"

是的，人在生气的时候，多半讲不出什么"好话"。与其等局面变得难以收场以后而懊悔不及，还不如早些选择沉默不语。

崇高的情感是一个要成为真正有教养的人所必需的。凡是没有高尚感情的人，就是一个邪恶的人。控制自己的怒火，是使自己成为一个有教养的人的先决条件。

美国政治家托马斯·杰斐逊曾这样说道："在你生气的时候，如果你要讲话，先从1数到10；假如你非常愤怒，那就先数到100，然后再讲话。"当我们心怀愤怒的时候，不妨等到情绪有所好转再与别人进行沟通。如果我们能这样做，只是多付出了一点儿时间，却能收获更好的结果。

宽容别人的恶意批评

一个人不可能只得到别人的赞美，即使你非常出色，也避免不了遭遇一些批评。而批评中难免有恶意的，很多人会因为受到恶意的批评后，便失去原有的自信，甚至怀疑自己所做的事情是否正确，并开始质疑自己的能力。这样一来，无法集中精力去做事，原本很有把握的事也会搞砸。

任何一个成功者都不会因为受到别人的一些影响而放弃自己追求的目标，更不会被一些讽刺和批评所左右。面对别人恶意的言语，他们会一笑了之，并且用行动证明自己是正确的。但很多人不能做到这样，他们似乎不是在为自己而活，而是为别人的态度而活。

在人类的行为中，有一条基本原则，如果你遵循它，就会为自己带来快乐，而如果你违背了它，就会陷入无止境的挫折中。这条法则就是："尊重他人，满足对方的自我成就感。"正如杜威教授曾说的：人们最迫切的愿望，就是希望自己能受到别人的重视。就是这股力量促使人类创造了文明。如果你希望别人喜欢你，就要抓住其中的诀窍：了解对方的兴趣，针对他所喜欢的话题与他聊天。你希望周围的人喜欢你，你希望自己的观点被人采纳，你渴望听到真正的赞美，你希望别人重视你……然而，己所不欲，勿施于人。那么让我们自己先来遵守这条法则：你希望别人怎么待你，你就先怎么待别人。

千万不要等你事业有成，干了大事业后再开始奉行这条法则，因为那样你永远不会成功。相反，只要你随时随地遵循它，它就会为你带来神奇的效果。

王小平是国际企业战略网调研部的一位员工，有一次，她受部门经理的安排，要给一家大型公司做市场报告，她在接到部门经理的安排后，就开始着手这方面的工作。为了在规定的时间内完成工作，她知道，她所要的资料只有从这家公司的董事长那儿才能获得，于是她就前去拜访这位董事长。当她走进办公室时，一位女秘书从另一扇门中探出头来对董事长说："董事长，今天音乐会的票已经售光了。"

"我儿子很想看明天晚上7点在国家大剧院举行的音乐会，我正在想办法为我儿子买票呢！"董事长对王小平解释道。

那次谈话很不成功，董事长不愿意提供任何资料。王小平回来后，感到无比沮丧。然而幸运的是，她记住了女秘书和董事长所说的话，于是就到国际企业战略网公关部，问该部门是否有明天晚上7点国家大剧院的音乐会门票。出乎意料的是，公关部的一位员工满足了她的要求。

第二天王小平又去了，她到了前台，给董事长打电话说，她要送给董事长的儿子一张音乐会门票。董事长高兴极了，用王小平的原话说："即使参加奥运会开幕式也没有这样激动！他紧紧地握住我的手，满脸笑容说：'噢，王小姐！谢谢你，我的儿子一定高兴极了，我敢相信，当他知道我已经找到了这张门票的时候，他一定会非常兴奋！'董事长不断地说着类似的话，兴奋地把门票放在自己的嘴上亲了又亲。"

整整10分钟，他们都在谈论着这张门票。然后，奇迹出现了：没等王小平提醒，董事长就把她需要的资料全都提供给了她。不仅如此，董事长还打电话找人来，把其他的一些相关事实、数据、报告、信件全部提供给了王小平。

我国明朝文学家屠隆在《续娑罗馆清言》中说：情尘既尽，心镜遂明，外影何如内照；幻泡一消，性珠自朗，世瑶原是家珍。意思是说，只要放下对尘世的眷恋之情，那么心灵之镜就会明亮澄澈，从外部关注自己的形象，不如从内部进行自我省察，驱除庸俗的念头；只要看破实质，打消对如梦幻泡影一样的世事的执念，那么自身天性就会像明珠一样晶莹剔透、熠熠生辉，要做世间少有的通达超脱之人，最关键的还是要保护好自家内心的那一份淡然。

美国总统林肯就把那些对自己刻薄恶意的批评写成一段话，这段话被后来的英国首相丘吉尔装裱后挂在了自己的书房里。林肯的这段话是这样说的："对于所有恶意批评的言论，如果我回应它们的时间远远超过我研究它的时间，我们恐怕要关门大吉了。我将尽自己最大的努力，做自己认为最好的，而且一直坚持到终点。如果结果证明我是对的，那些恶意批评便可不去计较；反之，我是错的，即使有10个天使为我辩护也是枉然啊！"

人人都有发表批评意见的权利，不管是对还是错，这是你不能阻止的。有时"旁观者未必清"，他们的批评和立场是以他们自己的观点来说事，要排除这些不公正的恶意批评对自己心情的影响。

美国总统罗斯福的夫人曾经这样告诉卡耐基：她在白宫里一直奉行的做事准则就是"只做你心里认为是对的事"，反正是要受到批评的，做也该死，不做也该死，那就尽可能去做自己认为应该做的事情，对一切非议一笑了之，再也不去想它。这才是做事情成功的关键。

生活中不要与人斗气

在工作中，我们每一个人都希望受到他人的重视、尊重和欢迎，但偏偏难免会被人嘲弄、受人侮辱、被人排挤……工作给了我们报酬的同时，也给了我们很多伤心与不满。

在工作中，难免要与他人磕磕碰碰，但如果一味地不理智，工作不开心不说，说不准还会失去这份工作。我工作着，我快乐着，就要能够很坦然地面对发生的一切，不要为一点小事火上心头。很多时候，发怒的人往往都是因为自己的小肚鸡肠，为小事去斤斤计较，于是在他们身边便经常发生一些你死我活的激烈斗争。当然，也有的为争职位的高低，有的是争薪水的多少，还有的是为争风吃醋……不论是哪一种，生气，是对自己工作的一种摧残，它会使人一味地沉浸在抱怨和苦恼中。有的人还会因此大声哭诉着上司对他的不公，长期沉溺其中不能自拔，终日被泪水和无奈的情绪包围着。其实，这样的人是在与自己斗气。

仔细想来，生气往往就是用抱怨、折磨的方式对待自己，这只能徒增自己的痛苦罢了。因此，要心平气和地面对工作中一切不顺的事，并积极地使自己做得更好，用自己的乐观和智慧化解烦恼。也只有这样，一个人才能积极进步，每一天都过得充足而快乐，富有激情。

在工作中，我们常常会看到这样一些人，他们往往会因一时之气，说出这样的话：

"我不为五斗米折腰，我不干了！"

"这个破工作,我不干了!"

"这事不公平,我不干了。"

可是,一句"我不干了"不能保全你已丧失的人格,不能换回他人对你的尊敬,不会为你带来更高的收入和更多的财富……夫妻斗气,会妨碍家庭幸福;同事斗气,会荒废工作;公司斗气,会互相毁灭;国家斗气,会引发战争。人为斗气而投入时间、精力、金钱,得到的可能是伤心、伤身和颓废,于是聪明的人是不会用斗气去解决问题的。所以,人在不顺心的时候,我们就要把倔气、脾气和傲气这些令自己斗气的因素都收敛起来,鼓足力气去争气,这样,你的生活会是另一个样子。

有这样一个故事:

儿子烦闷地对父亲说:"我要离开这家破公司,我恨这个公司!"

父亲建议道:"我举双手赞成!你一定要给公司点颜色看看。不过你现在离开,还不是最好的时机。"

儿子问:"为什么?"

父亲说:"如果你现在走,公司的损失并不大。你应该趁在公司的机会,拼命去为自己拉一些客户,成为公司独当一面的人物,然后带着这些客户突然离开公司,公司才会受到重大损失。"

儿子觉得父亲说得非常在理,于是努力工作。事遂所愿,半年多的努力工作后,他有了许多忠实的客户。

这时父亲对儿子说:"现在是时机了,要辞职就赶快行动。"

儿子淡然笑道:"老总跟我长谈过,准备升我做总经理助理,我暂时没有离开的打算了。"其实这也正是父亲的初衷。

所以,工作中不要跟自己斗气,要争气,想办法去做好一天中该做的事。这样,使自己每一天都能有所成长,自己的实力会在每一天的激励中逐渐强大。斗气不如争气,争气会让你做得更好。不断强大自己,这在客观上已经斗败了"对手"。

俗话说:人争一口气,佛争一炷香。只有争气才不会被人看扁,命运是掌握在你自己手里,一个人如果把精力总是用在互相攻讦、互相排挤上,这样最后会两败俱伤。英文中生气是anger，危险是danger。生气与危险只有一字之差，若一味沉溺于生气中，即是站立在危险的边缘了，稍有不慎将会坠入无底深渊而万劫不复。

《三国演义》中的曹操是一代枭雄，当他兵败华容道时，前有关羽拦截，后有追兵，情况异常险恶，稍有不慎就会被生擒活捉或被砍于马下。但曹操毕竟是见识过大阵势的人，他不甘心被活捉，更不情愿血染沙场。他深谙关羽有爱讲江湖哥们义气这一弱点，脑瓜一转，进而声泪俱下，苦苦哀求关云长放他一马，最终险处逃生。

曹操如果当时以英雄自居——英雄是不会轻易屈服的，总讲"脑袋丢了碗大的疤"，他就会蛮冲蛮杀。如此，曹操的结局就是另一回事了。的确，斗气往往是人很自然的反应，可是斗气只能带给人一时心理的发泄，对工作并没什么实质性的帮助。因此，在遇到一些事的时候，我们要学会与生活斗智。在面对困局时，自己应多动脑筋，善于筹划出良策妙计来破解难题，这样才能使事情发生逆转，向好的方向发展。

生气只是对工作无奈的发泄，争气却能将工作做好；生气伤身，丑化灵魂，而争气补益，健全心智。斗气会使人气度变小，忘记了"气"之外还有更重要的事和更广大的天地。所以，"斗气，智者不为也！"

对生活不要太敏感

过于敏感常产生于性格内向、心胸不够宽广者，他们总爱想当然地去观察周围的人和事，并自以为是，结果心里总有一堆难解的乱麻。应该说，过于敏感是一种不良的心理素质，如不加以克服，不仅会影响工作、学习，还会影响身心健康，造成人际关系紧张。

不要太敏感，也不要想太多。疑心重的人，肯定不会拥有快乐的生活。别人随随便便的一句话，就让自己胡思乱想一整天，甚至夜不能寐，根本不值得。不要把事情想得太糟糕，有些好事情开始感觉并不好。不要随便怀疑别人，好人往往都不会讨好他人。无论何时何地，你要学会独立思考问题，这样，人生才会坦然。

有时候，过于敏感真的是一种负担，会让人活得很累。之前同寝室的一个女孩，别人说一句话，一个标点符号错了，她都要思考半天；一个眼神，都会揣摩半天。敏感多心，是我对她的认知。在她面前，任何人都是很可疑的。我有一次问她，"这样不累吗？"她说："累啊，但是控制不住自己。"本来我是一个很神经大条的人，和她认识后，也学会了很多，过于敏感固然不好，但是太粗神经也很傻。

在人生的旅途上，每个人都在努力寻找适合自己的生活方式，既不希望路途太过曲折，也不希望时刻彷徨在各种岔路口。虽然许多人想行云流水般地过此一生，却往往事与愿违，生活中总是风波四起、浊浪滔天。平和之人纵是经历沧海桑田也会安然无恙，敏感之人遭遇一点风吹雨打也会千疮百孔。在足够安全和被接纳的环境下，其实我们每一个人的内心感受和情绪体验都是敏感的，我们都会多愁善感，特别是在脆弱和困难的时候，情绪陷入低谷，对所有的人情冷暖、人间百态体会得格外刻骨铭心。敏感的人最大的好处是不会去做自讨没趣的事情，最大的坏处是时常被内心的敏感所拖累，导致无穷无尽的烦恼、难以厘清的冲突和误会，容易判断失误。

敏感的人容易缺乏安全感和过分自卑，遇到点事常会设身处地地为他人着想，生怕自己的言行举止惹得他人不愉快，其实往往不愉快的人都是自己，他们不愿主动与人打交道，却会热情地迎接并珍惜每一个对自己主动示好的人。有时候你拼命对一个人好，生怕对方不喜欢你，这不是爱是取悦；分手后感觉没对方似乎天都要塌下来了，这也不是爱，只是不甘心罢了。其实活着无须时刻保持敏感，反应迟钝点不见得是什么坏事。人之所以过得太累，主要还是源于太过于敏感，又太过于心软。敏感的人活得辛苦，因为太容易被他人的情绪所左右，他们总是胡思乱想，结果困在一团乱麻般的情绪中动弹不得。

事事为别人着想，即使有一天你撑不住了累了，也没有人会心疼你同情你，因为在他们眼里，这都是你愿意做的。太过迁就别人，别人就会变本加厉地为难你；太过忍让别人，别人就会得寸进尺地伤害你。喜悦分享错了人就是显摆，悲伤分享错了人就成了矫情。有些人表面装得对你很好，可实际上最卑贱不过感情，最薄凉不过人心。不要对一个人太好，因为你终于有一天会发现，对一个人好，时间久了，那个人会把这一切看作是理所应当。很多人不是不够好，而是对别人太好，却不知你越对别人好，在他眼里就越没价值。人活一世，风雪路途遥，无论你我以何种方式活着，或为自己，或为他人，按喜欢的方式过完此生，就是最大的成功。做人千万不要那么敏感，也不要那么心软，如此最终可能受伤的是自己。努力做一个有内涵而独立的人，做一个内心丰富的人，既不害怕独处，也不害怕人群，可以在独处时心中绽开大千世界，也可以在人群中保持一份恬淡清寂。